JN295992

はじめての
宇宙工学

鈴木弘一 著

森北出版株式会社

● 本書の補足情報・正誤表を公開する場合があります．当社 Web サイト（下記）で本書を検索し，書籍ページをご確認ください．
https://www.morikita.co.jp/

● 本書の内容に関するご質問は下記のメールアドレスまでお願いします．なお，電話でのご質問には応じかねますので，あらかじめご了承ください．
editor@morikita.co.jp

● 本書により得られた情報の使用から生じるいかなる損害についても，当社および本書の著者は責任を負わないものとします．

|JCOPY| 〈(一社)出版者著作権管理機構 委託出版物〉
本書の無断複製は，著作権法上での例外を除き禁じられています．複製される場合は，そのつど事前に上記機構（電話 03-5244-5088, FAX 03-5244-5089, e-mail: info@jcopy.or.jp）の許諾を得てください．

まえがき

　宇宙工学というものの概念は，はっきりと定義されているわけではない．一応，宇宙へ行くための工学および宇宙空間における工学と定義すると，その範囲は驚くほど広い．ロケットや宇宙往還機がふくまれるのはもちろん，軌道上を周回する人工衛星や宇宙ステーションを利用して行われる通信，放送，地球観測，宇宙科学観測および宇宙環境利用実験など，すべてふくまれてしまう．したがって，宇宙工学の概論をまとめた書籍は，普通，数人の専門家による共同執筆となる．しかし，今回あえて著者一人で執筆したのは，このような広い分野だからこそ，一人の人間の理解を伝えたほうが読者にわかりやすいのではないか，と考えたからである．

　本書は，これから宇宙工学の専門課程に進学するにあたってどのような分野に進むべきか悩んでいる学生，および宇宙工学全般の知識を得たい大学1, 2年の学生を対象としている．したがって，本書は宇宙工学に関する入門書であり，次のステップに進むための道案内である．

　しかし，入門書だからといって，単に絵を示して各部の構造および名称を与えているだけではない．本書では，そのような宇宙工学で出合う各種の構造の名称や定義ももちろん紹介している．だがそれ以上に，その構造の底に横たわる工学的な面白さに重点をおいて記述したつもりである．難しい数式はなるべく避けているが，それでも数式を用いたほうが理解が早いときには，あえて数式を使った．毛嫌いせずに読み進めてほしいと思う．

　第1章は，導入として初期の宇宙開発の歴史を紹介するとともに，人類の未来を見すえた宇宙開発の意義を考える．第2章では，宇宙空間とはどういうところか数値データとともにとりあげる．超真空，極低温という人間の生存を拒絶する厳しい環境を明らかにする．第3章では，そのような宇宙空間で人間が生きていくためのライフサポートシステムについて述べる．ライフサポートシステムとしては，スペースシャトルや宇宙ステーションのような外部依存型のシステムもあるが，ここでは，より長期型の月面基地や火星探査を想定した閉鎖環境制御について詳しく述べる．第4章では，宇宙輸送システムのうち，最近話題の宇宙往還機について述べる．最近，ほころびの目立ちはじめたスペースシャトルであるが，シャトル型の有翼往還機のほかに，ロケット型の往還機についても紹介する．第5章では，宇宙輸送システムのうち，最も有用であるロケットについて述べる．推進機関としてのロケットエンジンについて

は，著者により，別に森北出版より『ロケットエンジン』が出版されているため，本書では簡潔に触れるにとどめ，エンジン以外のロケットの構成，構造，飛翔方法などについて多くのページを割いている．第6章では，人工衛星について述べる．人工衛星には，通信，放送，気象観測，地球観測など，いろいろな種類があるが，本書では気象観測衛星および地球観測衛星の2種類についてのみ説明する．第7章では，人工衛星の軌道と軌道の転移について述べる．特に回帰軌道については，周回数が与えられたときの軌道の設計方法について詳述する．第8章では，宇宙科学観測のうち，最近注目を浴びているX線宇宙観測について述べる．X線で観測される宇宙の姿は驚くほどダイナミックであるが，それらの現象をとらえるセンサの工学的原理について述べる．第9章では，宇宙環境利用について述べる．スペースシャトルや宇宙ステーションを利用する宇宙環境利用は，時間とコストの面で現在曲がり角に立たされていて，その必要性に疑問が持たれている．この章では，音波浮遊炉，およびタンパク質結晶生成について述べるにとどめる．第10章では，国際宇宙ステーションについて述べる．宇宙ステーション計画も計画当初からたびたび設計変更を余儀なくされているが，現在の計画の概要を紹介し，各種ある機能のうち，電力供給系とデブリ(人工破砕物)防御系について説明する．第11章では，信頼性について述べる．信頼性の考え方は，宇宙開発に携わる者に必須の技術であり，誰でも信頼度の求め方を知っておくべきであると考えて最終章にもってきている．宇宙工学の入門のテキストで信頼性の議論まであつかっている書籍が少ない現状では，少しは特徴を出せたのではないかと自負している．

　著者の専門は液体ロケットエンジンであるが，カリキュラムの必要にせまられてこのようなテキストをつくってみた．筆者の理解のとぼしい箇所があることをおそれている．間違いを発見された方々に，ご指摘いただけたら幸甚である．本書の編集を担当された石井智也氏，二宮惇氏からは，多くの質問を頂き本書のしあげに関して多大の貢献をしていただいた．末尾ながら，感謝申しあげる．

2007年3月

鈴木弘一

目　　次

第 1 章　宇宙開発の歴史　　1
- 1.1　有人宇宙開発の歴史 …………………………………………………… 1
- 1.2　惑星探査の歴史 ………………………………………………………… 6
- 1.3　宇宙開発の意義 ………………………………………………………… 8
- 演習問題 …………………………………………………………………… 12

第 2 章　宇宙空間　　13
- 2.1　大　気 …………………………………………………………………… 13
- 2.2　放射線 …………………………………………………………………… 16
- 2.3　微小重力 ………………………………………………………………… 17
- 2.4　微小天体および人工破砕物 …………………………………………… 18
- 2.5　宇宙機の温度 …………………………………………………………… 19
- 2.6　気化，脱ガス，真空摩擦 ……………………………………………… 22
- 2.7　酸素原子による侵食 …………………………………………………… 23
- 演習問題 …………………………………………………………………… 24

第 3 章　ライフサポートシステム　　25
- 3.1　無重力の人体への影響 ………………………………………………… 25
- 3.2　放射線被曝 ……………………………………………………………… 26
- 3.3　人間が生存できる大気環境 …………………………………………… 27
- 3.4　水の循環 ………………………………………………………………… 28
- 3.5　完全密閉型環境制御技術 (CELSS) …………………………………… 29
- 3.6　エネルギー供給システム ……………………………………………… 34
- 演習問題 …………………………………………………………………… 37

第 4 章　宇宙往還機　　38
- 4.1　有翼型宇宙往還機 ……………………………………………………… 38
- 4.2　ロケット型宇宙往還機 ………………………………………………… 40
- 4.3　技術課題 ………………………………………………………………… 40

4.4	放射 (輻射) 平衡温度	43
4.5	熱防御システム	46
4.6	再突入軌道	49
4.7	推進システム	50
	演習問題	51

第5章 ロケット　53

5.1	ロケットとはなにか	53
5.2	ロケットの基礎式	54
5.3	ロケットの性能	57
5.4	多段ロケット	58
5.5	ロケットの構造	59
5.6	推進システム	60
5.7	ロケットの誘導・制御	67
5.8	H-Ⅱロケット	68
5.9	ロケットの打ち上げ	69
	演習問題	73

第6章 人工衛星　75

6.1	人工衛星システムの構成	75
6.2	気象観測衛星	79
6.3	地球観測衛星	85
	演習問題	89

第7章 人工衛星の軌道　90

7.1	軌道の基礎	90
7.2	人工衛星の打ち上げおよび軌道	96
7.3	種々の軌道	99
7.4	軌道の転移	103
	演習問題	106

第8章 科学観測　108

8.1	X線天文学の誕生	108
8.2	X線が開く宇宙の窓	109
8.3	X線による観測	110

8.4	X線観測機器	112
8.5	X線観測衛星	115
	演習問題	117

第9章　宇宙環境利用　118

9.1	宇宙材料実験	118
9.2	バイオテクノロジー	120
	演習問題	121

第10章　国際宇宙ステーション　123

10.1	国際宇宙ステーションの現状	123
10.2	ISS全体計画	124
10.3	日本の実験棟 JEM	125
10.4	電力系	128
10.5	デブリ防御構造	130
	演習問題	133

第11章　信頼性　134

11.1	信頼性の定義	134
11.2	信頼度	134
11.3	MTTFとメディアン	136
11.4	故障率	136
11.5	浴槽曲線	137
11.6	指数分布	138
11.7	システムの信頼性	138
11.8	信頼性活動	141
	演習問題	143

演習問題解答　144

参考文献　150

索　引　152

1 宇宙開発の歴史

　宇宙開発は，突然はじまった．1957年，ソ連のスプートニク1号が地球軌道に打ち上げられてからの数年間のできごとは，当時中学，高校生であった著者にはそのような感じであった．スプートニク1号は83.6 kgの無人の人工衛星であったが，わずか4年後の1961年には，ガガーリン (Gagarin, Y. A) が地球軌道を一周した．宇宙開発は，現在全盛の実用衛星よりもまず有人飛行から華々しくはじまった．本章では，宇宙開発の歴史について述べるとともに，宇宙開発の意義についても考察する．

1.1　有人宇宙開発の歴史

　1955年にソ連の宇宙開発関係者が国際宇宙航行連盟 (IAF) 総会で，「2年後の国際地球観測年には人工衛星を打ち上げる」と発表したときには，あまり話題にならなかった．かれらの発言を真面目に受けとった人はいなかったからである．したがって，1957年10月4日にスプートニク1号が打ち上げられ，地球を一周するごとに人工衛星が発する「ピーピー」という信号音を受信したときの世界中の驚きは大変なものであった．人類はついに宇宙に飛び出す武器を手にした，という思いが人々の興奮をかきたてた．

　ソ連は一ヶ月後の11月3日には508 kgのスプートニク2号を打ち上げ，強力な打ち上げロケットをもっていることを明らかにした．ソ連に先を越されたアメリカはあせった．同じ年に打ち上げ予定のバンガード・ロケットに搭載された人工衛星は，わずかに1.4 kgに過ぎなかった．さらに心配されていたように12月4日バンガードは，打ち上げ後2秒で爆発してしまった．ここで，アメリカがロケット・ミサイル技術[1]においてソ連に大きく遅れをとってしまったことが明確になり，その原因，責任をめぐってミサイルギャップ論争がわきあがった．種々の議論のすえ，3軍でバラバラに行われていたロケットの開発を一本化することになった．宇宙科学・宇宙工学に寄与する非軍事的な宇宙開発を一任する航空宇宙局 (NASA) という組織をつくることになり，1958年10月1日NASAは正式に発足した．

　この後，米ソは激しく競争しながら国威をかけて数多くの人間を宇宙に送り出すこ

---

1) ロケット技術とミサイル技術は，推進，誘導制御とも本来同じものである．違いは，ミサイルは頭部には爆弾を，ロケットには人間や人工衛星を載せることのみである．

とになるが，月面着陸まで続くその系譜を眺めてみよう．

1.1.1　ボストークとマーキュリー

　NASA の発足によって一本化されたアメリカの宇宙開発は，急速に進むことになった．マーキュリー計画による有人ロケットおよびカプセルの開発，それとともに選ばれた飛行士たちの地上での猛訓練がくり返し行われた．1961 年 1 月 31 日，アトラスロケットの先端に搭載されたマーキュリーカプセルによりチンパンジーが弾道飛行を行い，次は人間が宇宙を飛ぶ勢いであったが，アメリカはまたしてもソ連に先を越された．

　4 月 21 日，ソ連は A-1 ロケット先端に搭載したボストーク宇宙船[2]にガガーリン (Gagarin, Yurii Alekseevich) 飛行士を乗せて打ち上げ，地球をひとまわりさせた．帰還後にガガーリンが発した「地球は青かった」という言葉が一躍有名になった．ボストーク宇宙船はその後，4 人の飛行士を次々と宇宙へ運び，1963 年 6 月 16 日にはテレシコワ (Tereshkova, V.V) が女性初の宇宙飛行を実現させた．

　一方，アメリカのマーキュリーカプセルによる軌道飛行は，1962 年 2 月 20 日グレン (Glenn Jr., J.H) 飛行士により実現し，有人飛行で，10 ヶ月遅れでソ連に追いついた．この後 3 人の飛行士が軌道飛行を行い，マーキュリー計画は 1963 年 5 月に終了し，アメリカの宇宙計画は 2 人乗りのジェミニ計画に移った．

1.1.2　ボスホートとジェミニ

　1964 年 10 月 12 日，3 名の飛行士を乗せてソ連のボスホート宇宙船が打ち上げられた．乗員と室内環境制御上の必要重量が増大したため，宇宙船の重量は 5320 kg となり，打ち上げロケットも A-2 にかわった．ソ連はさらにボスホート 2 号で，レオノフ (Leonov, A.A) 飛行士による船外宇宙遊泳を実施し，複数の飛行士の打ち上げでも，宇宙遊泳でも，ソ連はまたしてもアメリカとの競争で先を越した．

　アメリカの 2 人乗りのジェミニカプセルによる初飛行は，レオノフの宇宙遊泳の 5 日後，1965 年 3 月 23 日に行われた．ジェミニカプセルは 3760 kg と重く，マーキュリーを打ち上げたアトラスロケットの能力を超えていたため，より強力なタイタン II ロケットが使用された．アメリカは 20 ヶ月で 10 回のジェミニカプセルでの飛行を行い，ランデブー，ドッキングの実験を精力的に実施した．一方，ソ連は，ボスホートの飛行をわずか 2 回で切り上げ，つぎのソユーズ宇宙船に移った．

　ここで，初期の有人飛行を圧倒的にリードしたソ連側の理由について述べる．それはかれらが強力な打ち上げロケット A-1，A-2 をもっていたためである．A-1，A-2

---

[2] 宇宙船 (space ship) とは有人のものをさす．宇宙機 (space craft) とは有人，無人どちらもさすが，本書では無人のものに対してのみ宇宙機という言葉を用いる．

図 1.1 A-2 ロケット (ソユーズ)

とも上段の宇宙船搭載部が異なるのみで，実質的に同じロケットである．A-2 ロケットは，図 1.1 に示すように，1 段のサステーナのまわりに四つの液体ロケットブースターをもつ 2 段式ロケットである．

使用推進薬[3]は 1，2 段とも液体酸素/ケロシンで，入手性がよく，ローコストな推進薬の組みあわせとなっている．1 段サステーナおよびブースターとも実質的に同じエンジンで，その真空中推力は約 980 kN である．A-2 ロケットは地球低軌道に約 7 t の打ち上げ能力をもっているため，スプートニクからボストーク，ボスホートおよび後述するソユーズまでのすべての宇宙船を打ち上げることができた．これに対し，アメリカには，このような強力なロケットがなく，マーキュリーからジェミニおよび後述するアポロカプセルまですべて異なるロケットを開発していかなければならず，ソ連に遅れをとることになってしまった．

1.1.3 アポロとソユーズ

人間を月に着陸させることをめざすアメリカのアポロ計画は，ソ連との競争に強い動機があった．1961 年 4 月時点でソ連はガガーリンの宇宙飛行を実現させていたのに対し，アメリカの有人飛行計画はめどがたっていない状況であった．アメリカは，宇宙飛行における初期のソ連の優位を跳ね返し，科学技術の分野でなんとしても世界のリーダーとなる必要があった．アポロ計画はもともと 1970 年代のどこかで人間を月に送り込めばよいというのんびりした計画であったが，ケネディ大統領の号令で国威を賭けた一大プロジェクトとなった．1961 年 5 月 25 日，ケネディは議会において

---

3) 本書では，液体のものを推進薬，固体のものを推進剤と表記している．

「この 60 年代に人間を月に着陸させ，安全に地球へ帰還させる」と宣言し，アメリカの人々の挑戦をうながした．

月面着陸および帰還のための方式はいく通りもあるが，最終的に決定されたのは月周回軌道ランデブー方式であった．この方式がエネルギー消費の点で，最も経済的なためである．それまでに試みたジェミニカプセルでの数々のランデブー，ドッキングの実験は，アポロ計画実現のためには，不可欠なものであった．

3 人の宇宙飛行士を乗せることができるアポロカプセルもソユーズ宇宙船も，ともに悲劇的事故からスタートした．ソユーズ宇宙船の有人初打ち上げは 1967 年 4 月 23 日であったが，その地上回収時にパラシュートがからまりコマロフ (Komarov, V) 飛行士が墜死した．また，アポロカプセル 1 号は，打ち上げ準備中の 1967 年 1 月 27 日，

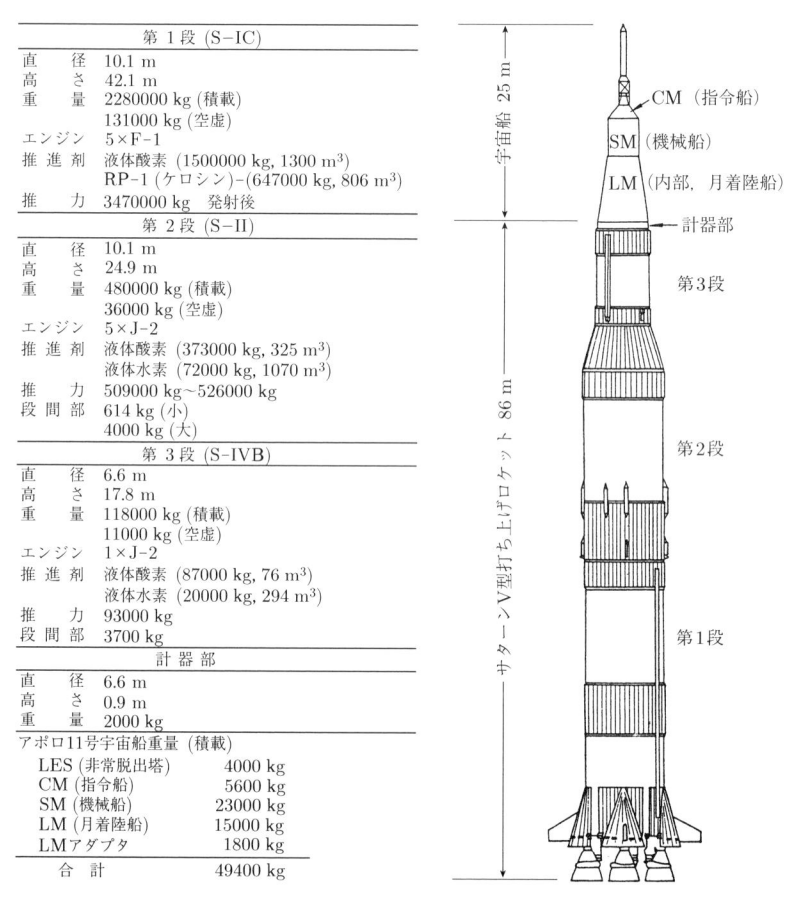

第 1 段 (S-IC)	
直　径	10.1 m
高　さ	42.1 m
重　量	2280000 kg (積載)
	131000 kg (空虚)
エンジン	5×F-1
推進剤	液体酸素 (1500000 kg, 1300 m^3)
	RP-1 (ケロシン)-(647000 kg, 806 m^3)
推　力	3470000 kg 発射後
第 2 段 (S-II)	
直　径	10.1 m
高　さ	24.9 m
重　量	480000 kg (積載)
	36000 kg (空虚)
エンジン	5×J-2
推進剤	液体酸素 (373000 kg, 325 m^3)
	液体水素 (72000 kg, 1070 m^3)
推　力	509000 kg〜526000 kg
段間部	614 kg (小)
	4000 kg (大)
第 3 段 (S-IVB)	
直　径	6.6 m
高　さ	17.8 m
重　量	118000 kg (積載)
	11000 kg (空虚)
エンジン	1×J-2
推進剤	液体酸素 (87000 kg, 76 m^3)
	液体水素 (20000 kg, 294 m^3)
推　力	93000 kg
段間部	3700 kg
計器部	
直　径	6.6 m
高　さ	0.9 m
重　量	2000 kg
アポロ 11 号宇宙船重量 (積載)	
LES (非常脱出塔)	4000 kg
CM (指令船)	5600 kg
SM (機械船)	23000 kg
LM (月着陸船)	15000 kg
LM アダプタ	1800 kg
合　計	49400 kg

図 1.2　サターン V 型打ち上げロケット (アポロ 11 号用)[1]

突然カプセル内から発火しグリソム (Grissom, V.I) ら 3 人が犠牲となった．電気配線からの火花放電が原因であり，大気中で耐火性のあるプラスチック材が，アポロカプセル内の純酸素中では容易に燃えてしまったためである．アポロは重量軽減のため，約 260 mmHg (0.034 MPa) の純酸素を使用しており，徹底した耐火対策はとられても純酸素の使用を変更することはなかった．

アポロの有人初飛行は，この事故により約 1 年遅れて，1968 年 10 月 11 日にアポロ 7 号により行われた．このアポロ 7 号は，サターン 1B ロケットで行われたが，次のアポロ 8 号は，1968 年 12 月 21 日に正規のサターン V ロケットにより打ち上げられ，史上初の有人月周回飛行を行った．サターン V ロケットは，図 1.2 に示すような 3 段式液体ロケットで，全長 111 m，総質量 2940 t の巨大ロケットで，現在でもこれより大きいロケットは存在しない．

第 1 段は，液体酸素/ケロシンを推進薬とする推力約 6800 kN の F-1 エンジンを 5 基，第 2 段は，液体酸素/液体水素を推進薬とする推力約 1000 kN の J-2 エンジンを 5 基，第 3 段は，第 2 段と同じ J-2 エンジンを 1 基搭載し，第 3 段の燃焼終了とともに約 45 t のアポロ宇宙船を月軌道に投入する．アポロ 9 号のランデブー，ドッキングテスト，アポロ 10 号の月面に 14.3 km まで近づいた予備実験を経て，1969 年 7 月 20 日，アポロ 11 号のアームストロング (Armstrong, N.A)，オルドリン (Aldrin Jr., E.W) 両飛行士による人類初の月面着陸がついに実現した．

以下に，アポロ 11 号の飛行について，図 1.3 により簡略に述べる．

アポロ飛行船は，図 1.2 に示すように，上から指令船 (CM)，機械船 (SM)，月着陸

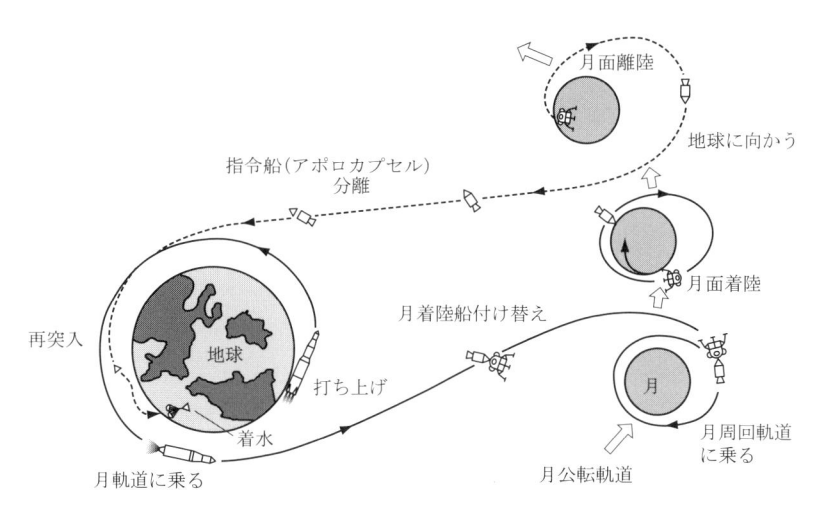

図 1.3　アポロ 11 号の飛行図

船 (LM) により構成されている．月着陸船は，さらに着陸船本体と上昇段が分離できるようになっている．月軌道に乗ったアポロ宇宙船は，軌道上で月着陸船を指令船の頭部に付け替えて月に向かう．機械船のエンジンを作動させて月周回軌道に乗ったあと，2人の飛行士は月着陸船に乗り移り，指令船と分離して月面に降下，しずかの海に着陸する．この間，月周回軌道上の指令船にはパイロット1名が残り，月面上のクルーを支援する．アポロ11号の場合は約21時間半月面に滞在したのち，両飛行士はLMの上昇段により月周回軌道に上昇し，指令船とドッキングする．着陸船本体は月面に残される．ドッキング後，ふたたび指令船に集合した3人は，機械船のエンジンを作動させて地球帰還軌道に乗り，地球に向かう．地球近傍で機械船を切り離し，指令船 (アポロカプセル) のみ地球大気圏に再突入し，パラシュートにより回収される．

　以後アポロは，13号を除き17号まで月面着陸を実行し，総計12人の飛行士が月面活動を行った．アポロ17号の帰還により，1972年12月，アポロ計画は全世界の人々を感動の渦に巻き込んで，その幕を閉じた．

　一方，ソ連はアポロ計画と同様な月計画をもっていたようであったが，アポロ8号が月へ向かうころにその計画を放棄し，以後，地球軌道上の長期間滞在に戦略を変更し，1971年から宇宙ステーションサリュートにより，1986年からはミールにより，数多くの宇宙実験，宇宙観測を続けながら宇宙での滞在記録を次々と塗り替えていった．3人乗りのソユーズ宇宙船は，これらの宇宙ステーションに人員を輸送する任務に用いられ，改良を重ねながら現在でも使われている．

1.2 惑星探査の歴史

　有人宇宙開発のほかに，惑星探査もまた初期の宇宙開発をリードした．地球のまわりに人工衛星を打ち上げられるようになった人類の関心が次に向かうのは，当然のように身近な惑星たちであった．各惑星は太陽のまわりをそれぞれ異なった速度で公転しているので，その相互位置は絶えず変化している．惑星から惑星への移動は，エネルギー最小のホーマン軌道 (7.4.1項参照) を用いる．そのためには，探査機は地球を出発してから，太陽のまわりを半周した点で目標の惑星に会うようにしなければならない．このため，ひとつの惑星に達するための出発日時は非常に限られていて，普通，数週間しかない．この数週間を出発のウインドウとよんでいる．したがって，惑星探査機は，数年ごとに集中した期間に打ち上げられることになる．

1.2.1 金星探査

　米ソとも，1960年代はじめから盛んに惑星探査機を打ち上げたが，初期のうちは打ち上げの失敗や通信の途絶などが続いた．1962年12月にアメリカのマリナ2号が，金星の近傍を通過することにようやく成功した．それにより，金星は濃厚な大気に覆われ，地表温度は420°C以上であることがわかった．1967年10月，ソ連のヴェネラ4号は，金星大気中にカプセルを投下し，その大気はほとんど炭酸ガスであることを明らかにした．次いで1970年12月，ヴェネラ7号は，ついに金星表面への軟着陸を果たし，着陸地点の温度475°C，圧力90±15気圧（9.1±1.5 MPa）であるとするデータを送ってきた．さらに1975年10月には，ヴェネラ9号，10号が相次いで軟着陸し，金星地表面のパノラマ写真の撮影に成功した．

1.2.2 火星探査

　一方，火星探査は，1964年11月に打ち上げられたマリナ4号によりはじめられた．マリナ4号は，1965年7月に火星近傍を通過し，21枚の火星表面写真を送信し，月面と同じようなクレータがあることをはじめて明らかにした．また，大気密度は地球の1%程度であることもわかった．さらに，1971年11月マリナ9号は，火星周囲の1/5にも達する巨大な峡谷を発見した．その峡谷の長さは3700 km，最も広い部分の幅は250 km，深さは7 kmもあった．液体の水は発見されなかったが，表面には広大な水の浸食作用の跡が見いだされた．1975年8月および9月に相次いで打ち上げられたアメリカのバイキング1号，2号は，約1年後に火星に到着し，着陸機を分離着陸させることに成功した．

　バイキング着陸機が送ってきた着陸点の全景走査によると，着陸点は褐色岩石が散乱した不毛の砂漠であった．また，空の色は大量のほこりのせいか，ほとんどピンク色に見えた．大気自体は95%の炭酸ガス，2.7%の窒素および微量のアルゴン，酸素により構成されていることがわかった．着陸点の映像には，植物生物の証拠は見られなく，ガス成分分析器によっても，複雑な有機物分子は検出されなかった．残念ながら，想像の世界に生きていた火星人はおろか，微生物の存在すら確認することができなかった．

1.2.3 外惑星探査

　太陽系の外惑星探査は，1972年3月に打ち上げられたパイオニア10号によってはじめられた．21ヶ月をかけて木星の近傍に到着したパイオニア10号は，300枚を超す木星とその衛星の写真を送ってきた．次のパイオニア11号は，1973年4月に打ち上げられ，1974年12月に木星まで41000 kmの距離に接近し，同じく木星やその衛星の写真撮影を行った．パイオニア11号は，木星の重力により航行経路を変更して

土星に向かい，1979 年 9 月に土星に最接近し，土星やその衛星の撮影を行うとともに各種観測を行った．パイオニア 10 号は 1983 年 6 月に，パイオニア 11 号は 1990 年 2 月にともに海王星軌道を通過し，太陽系を脱出した．

なお，パイオニア 10 号，11 号とも太陽系を脱出して最終的に恒星空間に入り込むことになるため，宇宙に存在するかもしれない異なる知力が理解できるような人類からのメッセージを記載したアルミ板 (図 1.4) を両機は搭載している．

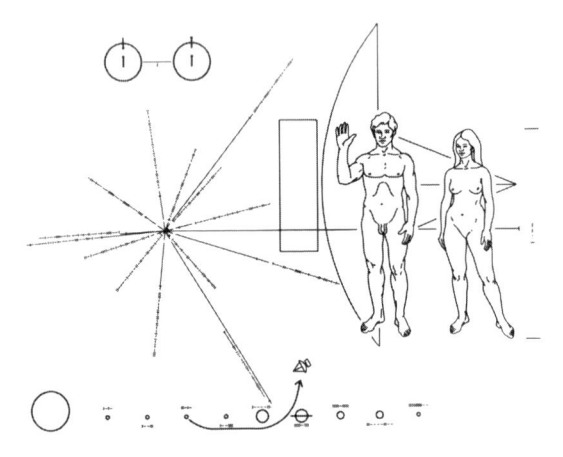

図 1.4 パイオニアに積まれた宇宙人へのメッセージ

メッセージには，男性と女性の絵が宇宙機に対する尺度で描かれている．これを発見した知的生物が，われわれのサイズを推定できるように期待している．またメッセージの下の部分は，太陽系第 3 惑星から出発したことを示している．左の放射状の線は，太陽を中心の恒星として表示されたわれわれの銀河にある電波を発する 14 個の中性子星の位置と周期を表していて，これにより出発した日が特定できるようになっている．

以上の初期の宇宙開発の歴史を表 1.1 に示す．

1.3 宇宙開発の意義

前節までに，初期の宇宙開発の歴史を有人飛行と惑星探査をとりあげて述べた．初期の有人飛行は，米ソとも明らかに政治的なものであった．月面着陸という純粋に人類の夢を実現できたような出来事でさえも，アメリカの国威発揚のためであった．そのためアポロ計画は，一度月面着陸が実現してしまうと，アメリカの興味は急速に衰え，月面基地の建設や維持のような計画に結びつくことはなかった．

アポロ計画が終了すると，今度は肥大化した NASA 組織の維持や宇宙産業の仕事量

表 1.1 初期の宇宙開発の歴史

	有人宇宙開発	惑星探査
1955 年	ソ：IAF にて 2 年後の人工衛星打ち上げを発表	
1957 年 10 月 4 日	ソ：スプートニク 1 号打ち上げ	
11 月 3 日	ソ：スプートニク 2 号打ち上げ	
12 月 4 日	米：バンガード・ロケット打ち上げ，空中爆発	
1958 年 10 月 1 日	米：NASA 発足	
1961 年 1 月 31 日	米：マーキュリーカプセルによるチンパンジー弾道飛行成功	
4 月 21 日	ソ：ボストーク宇宙船打ち上げ，初の有人宇宙飛行成功	
5 月 25 日	米：ケネディが「この 60 年代に人間を月に着陸させ，安全に地球へ帰還させる」と発言	
1962 年 2 月 20 日	米：マーキュリーカプセルでの有人飛行成功	
12 月		米：マリナ 2 号金星の近傍を通過
1963 年 5 月	米：マーキュリー計画終了，ジェミニ計画へ	
6 月	ソ：テレシコワが女性初の宇宙飛行を実現	
1964 年 10 月 12 日	ソ：ボスホート宇宙船打ち上げ，複数飛行士の宇宙飛行成功	
1965 年 3 月 18 日	ソ：ボスホート 2 号打ち上げ，船外宇宙遊泳成功	
3 月 23 日	米：2 人乗りのジェミニカプセル打ち上げ	
	ソ：ボスホート飛行終了，ソユーズ宇宙船へ	
7 月		米：マリナ 4 号，火星近傍を通過．火星表面写真を撮影
1967 年 10 月		ソ：ヴェネラ 4 号，金星大気中にカプセル投下．大気成分を明らかに
1 月 27 日	米：アポロカプセル 1 号，打ち上げ準備中の発火でグリソムら死亡	
4 月 23 日	ソ：ソユーズ宇宙船打ち上げ，回収時の事故でコマロフ飛行士墜死	
1968 年 10 月 11 日	米：アポロ 7 号，有人飛行実現	
12 月 21 日	米：アポロ 8 号，初の有人月周回飛行成功	
1969 年 7 月 20 日	米：アポロ 11 号，アームストロング飛行士ら初の月面着陸成功	
1970 年 12 月		ソ：ヴェネラ 7 号，金星表面へ軟着陸．温度，圧力データを取得
1971 年	ソ：宇宙ステーション「サリュート」による宇宙実験，宇宙観測	
11 月		米：マリナ 9 号，火星の峡谷を発見，火星表面に水の浸食作用を発見
1972 年 12 月	米：アポロ計画終了	
1973 年 12 月		米：パイオニア 10 号，木星近傍に到着．木星およびその衛星の写真撮影
1974 年 12 月		米：パイオニア 11 号，木星まで 41000 km の距離に接近
1975 年 10 月		ソ：ヴェネラ 9 号，10 号，金星地表面のパノラマ写真撮影
1976 年 7，9 月		米：バイキング 1 号，2 号，火星着陸．着陸点の全景走査，大気成分分析．生物の存在発見できず
1979 年 9 月		米：パイオニア 11 号，土星に最接近．写真撮影，各種観測の実施
1983 年 6 月		米：パイオニア 10 号，海王星軌道を通過し，太陽系を脱出
1986 年	ソ：宇宙ステーション「ミール」による宇宙実験，宇宙観測	
1990 年 2 月		米：パイオニア 11 号，海王星軌道を通過し，太陽系を脱出

確保のため，スペースシャトルや宇宙ステーションを考え出す．しかし，動機が不純な計画に対し，納税者(国会)は簡単にコストを負担しようとしないから，計画は変更につぐ変更を余儀なくされ，完成は遅れに遅れることとなった．われわれはいま，宇宙開発に関しては重大な岐路に立っている．いったいわれわれはなぜ，宇宙をめざすのか，いままでの流れとは異なった観点から考えてみたい．

　46億年前に銀河系の片隅に太陽系が誕生した．太陽が冷えていく過程で，地球もそのころ誕生したと考えられている．放射線年齢測定では，グリーンランドから約38億年前の岩石が発見されている．したがって，地球が大気や大洋が存在する現在のような形に落ち着いたのは，40億年から43億年前と考えられる．その原始大洋のなかに生命が誕生した．最初の生命は簡単な単細胞生物に過ぎなかったが，20数億年という気の遠くなるような年月の間に多細胞生物に進化し，約6億年前からの進化の様子は化石などからよく知られるようになった．6億年前までに，海のなかの海藻類が光合成を行って，大気に酸素を吐き出し，大気の組成をしだいに酸素に富んだものに変えていった．大気のなかに酸素がたまってくると，太陽の紫外線によって酸素がオゾンになり，大気の上層にオゾン層ができることになる．できあがったオゾン層は，今度は太陽の紫外線を吸収し，地球表面に生物にとって有害な紫外線が直接入ってくることを防ぐ．

　約4億年前になり，まず植物が陸上に上がってくることになる．最初のものはシダ類の植物だったと考えられている．動物が陸上に上がってきたのはもう少し後で，約3億6000万年前である．干上がった干潟から，生きるために嫌々ながら陸上に上がってきた両性類が最初の陸棲動物であった．シダ類は，石炭紀や二畳紀とよばれる時代に大繁殖し，地球上を覆った．爬虫類はその石炭紀の時代に現れ，哺乳類はそれより後，約2億年前になってはじめて現れたことが知られている．しかし，哺乳類が本当に繁栄したのは，いまから6400万年前，恐竜が滅びて新生代になってからである．哺乳類が繁栄し，やがてそのなかから約400万年前になってようやく人類が現れた．

　人類の歴史のうえで，399万年間は地球との関係では何の問題もなかった．変化が表れたのは，農耕がはじまった約1万年前からである．われわれ人類は，この1万年の文明期に地球の資源を食いつくし，人口を爆発させ，環境を悪化させてきた．世界人口は，1650年にはわずか5億人であった．そのときには，年間約0.3%の割合で増加していた．1970年に世界人口は36億人になり，成長率は年間2.1%にもなっている．2006年世界人口は65億人を超え，なお増え続けている．たった36年間で1.8倍に増えたことになる．人口が増えるに従って，資源の消費も加速度的に増えていっている．現在は，消費したものの捨て場所さえなくなってきている．

　無限の包容力があるとみられてきた地球にも，限界があることが明らかになった．

地球をひとつの生命体ガイアとみる思想がある．そのガイアは，生まれた鬼っ子人類の存在をどこまで許してくれるのだろうか．人類存在の本質とは何なのか．

人類や地球生命の来し方行く末を考えると，宇宙(この場合，とりあえず月や火星を考えている)へ出て行くのは必然ではないだろうか．両生類が嫌々ながら生存のために陸上に上がってきたと表現したが，嫌々ながらなのか嬉々としてなのかは不明でも，住む環境がその種にとって適さなくなると，新種となってでも新環境に出て行くのが生命体の運命らしい．しかし，宇宙の環境には，生命体がいかなる変異を実行してもそのまま住めるようになるとは思われない．出て行けるものは，技術でその環境に直接さらされるのを避けることができるわれわれ人類以外にはありえないであろう．われわれ人類を宇宙にかきたてるのは，地球に生をうけた生命の外に向かう衝動ではないだろうか．

テラフォーミングという言葉がある．火星環境を地球生物が住めるように変えようというアイデアである．地球が数億年かけてつくりあげた環境を，わずか数百年でつくろうという大胆な計画である．しかし，これを実行するには，まだまだ知らないことが多すぎて，やるべきことも山積している．未知なるものへの探究心，未完なるものへ挑戦する精神は，われわれの心の奥底から出てきていると考えたい．

火星に行く目的は，決して地球人口問題の解決や地球環境問題からの逃避ではありえない．いまのロケットの輸送力を考えれば，地球人口を火星に移すなどナンセンスであり，地球環境をそのままにして逃亡するのであれば，また劣悪な火星環境をつくるだけである．地球の人口問題も，環境問題も，われわれが英知をもって解決しなければならない問題である．そのうえで，われわれ人類は地球上の全生物の代表として，

表 1.2 地球生命の歴史

年　代	できごと
46 億年前	太陽系誕生，地球誕生
43 億〜40 億年前	地球の大気や大洋が現在の形に落ち着く．原始大洋内に単細胞生物が誕生
40 億〜20 億年前	単細胞生物から多細胞生物へ進化
6 億年前	海中の海藻類の光合成により大気中の酸素分の増大
4 億年前	植物(シダ植物)が陸上へ進出
3 億 6000 万年前	動物(両生類)が陸上へ進出
2 億年前	哺乳類誕生
6400 万年前	恐竜絶滅，哺乳類繁栄へ
400 万年前	人類誕生
1 万年前	人類が農耕をはじめる
1650 年	人口約 5 億人，人口増加率年間 0.3%
1970 年	人口約 36 億人，人口増加率年間 2.1%
2006 年	人口約 65 億人

地球生命の運命に従って宇宙に向かうのである．宇宙開発の真の意味はそこにあると考えるが，読者のご意見はいかがであろうか．

以上の地球生命の歴史を，表 1.2 にまとめる．

■ ■ ■ 演習問題 ■ ■ ■

1.1 次の文章の（　）に当てはまる語句を答えよ．

　　1957 年にソ連が世界初の人工衛星（ア）を載せたロケットを打ち上げた．一方，ソ連に先を越されたアメリカは（イ）を組織し宇宙開発に力を注いだ．1961 年に初めて宇宙に飛び立った（ウ）は，「地球は青かった」という名言を残した．さらに，1969 年には，ケネディ大統領の宣言通り，（エ）が月に到達しアームストロング・オルドリン両飛行士が月面に降り立った．

1.2 初期の有人飛行において，アメリカがソ連に先を越された理由を説明せよ．

コラム｜無目的ということ──章末に思う

　われわれが社会に出て，何か新しいことをなそうというとき，必ず企画書を書かされる．まず，そのプロジェクトの目的は？　そして意義は？　方法は？　費用は？　というように企画書の欄を埋めていってようやく完成ということになる．世の中すべての行為がある目的に向かっているように見える．しかし，ほんとうに無目的の行動，行為はないであろうか？

　発明家エジソンは，円盤レコードを作るのに成功したとき，こんなものが何の役に立つのかと思ったそうである．目的もなくレコードを作ってしまったわけであるが，しかし，今ではレコードのない社会を思い浮かべるのが不可能なほどの必需品になっている．

　福沢諭吉は，若いときに緒方洪庵の適塾で蘭学を学んでいたが，かれらは単に書物を読むだけでなく，工夫をこらしてその書物に従って化学実験まで行っている．そのため塾の近くを通ると臭いと近所の評判だったそうである．かれらに，化学者になろうとか，化学工業を興そうという目的があったわけではない．かれらはただ衝かれたように無目的に西洋の学問を吸収していった．それが後に，どれほど日本の文明開化に寄与したかしれない．

　ノーベル物理学賞を受賞した小柴昌俊氏は，テレビインタビューにおいて，「ニュートリノの質量を測ってそれが何の役に立つのですか」というレポーターの質問に対し，言下に「何の役にも立ちません」と答えていた．小柴氏は無目的に科学をすることの意味を心底わかっていると思う．また，そのことのなんと大切なことであろうか．

　宇宙開発も，特に宇宙ステーションのようなものは著者は無目的でよいと考える．あそこまで行って，一人ぼっちで地球を眺めていると，きっと雄大な思想が生まれると思う．文学者，哲学者，主婦，一般市民のような人々に行っていただきたい．特にいまだ警察権・捜査権さえ国際機関に委ねようとしない世の政治家に，一度宇宙から地球を眺めてもらいたい．読者も，無目的とも言うべき大目標をもって，本書を読み進めていっていただきたい．

2 宇宙空間

　宇宙空間からわれわれのほうに向かっては，光や隕石などの方法でいろいろの接触が太古の昔からあったわけであるが，真の意味で人類が宇宙空間に手を触れることができたのは，たかだかここ半世紀に過ぎない．すなわち，われわれの宇宙活動は，第1章でも述べたように1957年のスプートニク人工衛星の打ち上げからはじまった．以来50年，いまでは火星探査機が火星への着陸に何度も成功している．

　わが地球上では，$1\,g$の重力がかかり，われわれは1気圧，300 K前後の大気に包まれている．約400万年前に誕生した人類は，このような環境のなかで生活し，文明を発展させてきた．しかし，ひとたび宇宙空間に活動分野を拡げると，その環境はきわめて厳しく，われわれ人類には敵対的ですらあることがわかった．この章では，宇宙空間とはどういうところであるかをまず明らかにする．

宇宙遊泳

2.1 大　気

　地表から高い所に上がっていくと，気圧が下がり，気温も一般的に下がっていくことは実感されている．密度は単位体積あたりの分子数であるが，高度が高くなると大気粒子の数が非常に少なくなるので，密度も高度とともに減少する．ちなみに，大気粒子が一度衝突して次に衝突するまでに動く距離を平均自由行程 λ といい，次の式で定義される．

$$\lambda = \sqrt{2}n\sigma \tag{2.1}$$

ここで，n：単位体積中の気体粒子数
σ：気体粒子の有効断面積

平均自由行程は地表付近では 0.1 μm 程度であるが，高度 100 km では 1 m ほどになる．平均自由行程がある程度大きくなると，大気は拡散平衡の法則に従い各成分粒子が独立に分布するようになり，重い粒子ほど下に溜まるようになる．その結果，大気は一様ではなく，高度によって異なる組成をもつようになる．上層では大気が薄くなるので，おもに太陽紫外線によって分子の解離や電離が起こり，下層の大気では見られない成分が存在することになる．

大気は，低高度ではロケットの運動や加熱に大きな影響を与え，地球低軌道では大気摩擦によってエネルギーを奪い軌道長半径を小さくして人工衛星の寿命を短くするので，宇宙工学上その高度分布は重要である．表 2.1 は，温度，圧力および密度の高度による変化を表している．

表 2.1 大気の高度分布 [2]

(a) 地球標準大気の表

高度 [km]	温度 [K]	気圧 [bar]	密度 [kg/m³]	音速 [m/s]	動粘性係数 [m²/s]
0	288	1.01	1.23	340	1.46^{-5}
1	282	9.98^{-1}	1.11	336	1.58^{-5}
2	275	7.95^{-1}	1.01	333	1.71^{-5}
3	269	7.01^{-1}	9.09^{-1}	329	1.86^{-5}
4	262	6.17^{-1}	8.19^{-1}	325	2.03^{-5}
5	256	5.40^{-1}	7.36^{-1}	321	2.21^{-5}
6	249	4.72^{-1}	6.60^{-1}	316	2.42^{-5}
7	243	4.11^{-1}	5.90^{-1}	312	2.65^{-5}
8	236	3.56^{-1}	5.26^{-1}	308	2.90^{-5}
9	230	3.08^{-1}	4.67^{-1}	304	3.20^{-5}
10	223	2.65^{-1}	4.14^{-1}	300	3.53^{-5}
12	217	1.94^{-1}	3.12^{-1}	295	4.56^{-5}
14	217	1.42^{-1}	2.28^{-1}	295	6.24^{-5}
16	217	1.04^{-1}	1.66^{-1}	295	8.54^{-5}
18	217	7.56^{-2}	1.22^{-1}	295	1.17^{-4}
20	217	5.53^{-2}	8.89^{-2}	295	1.60^{-4}
25	222	2.55^{-2}	4.01^{-2}	298	3.61^{-4}
30	227	1.20^{-2}	1.84^{-2}	302	8.01^{-4}
35	237	5.75^{-3}	8.46^{-3}	308	1.81^{-3}
40	250	2.87^{-3}	4.00^{-3}	317	4.01^{-3}
45	264	1.49^{-3}	1.97^{-3}	326	8.50^{-3}
50	271	7.98^{-4}	1.03^{-3}	330	1.66^{-2}
60	247	2.19^{-4}	3.09^{-4}	315	5.11^{-2}
70	220	5.22^{-5}	8.28^{-5}	297	1.73^{-1}
80	198	1.04^{-5}	1.84^{-5}	282	7.15^{-1}

注）肩付の数字 $-n$，$+n$ は，10^{-n}，10^{+n} を掛けることを示す．
1 bar = 0.10 MPa

(b) 地球高層大気表（外圏大気温度 1000 K）

高度 [km]	温度 [K]	気圧 [bar]	密度 [kg/m³]	平均分子量 [-]
80	198	1.05^{-5}	1.84^{-5}	28.9
100	195	3.20^{-7}	5.60^{-7}	28.4
120	360	2.53^{-8}	2.22^{-8}	26.2
140	559	7.20^{-9}	3.83^{-9}	24.7
160	696	3.03^{-9}	1.23^{-9}	23.4
180	790	1.52^{-9}	5.19^{-10}	22.3
200	854	8.47^{-10}	2.54^{-10}	21.3
250	941	2.47^{-10}	6.07^{-11}	19.1
300	976	8.77^{-11}	1.91^{-11}	17.7
350	990	3.44^{-11}	7.01^{-12}	16.7
400	995	1.45^{-11}	2.80^{-12}	15.9
450	998	6.44^{-12}	1.18^{-12}	15.2
500	999	3.02^{-12}	5.21^{-13}	14.3
600	999	8.21^{-13}	1.13^{-13}	11.5
700	999	3.19^{-13}	3.07^{-14}	8.00
800	999	1.70^{-13}	1.13^{-14}	5.54
900	1000	1.08^{-13}	5.79^{-15}	4.40
1000	1000	7.51^{-14}	3.56^{-15}	3.94

注）肩付の数字 $-n$，$+n$ は，10^{-n}，10^{+n} を掛けることを示す．

この表によると，気温は圧力や密度と異なって，図 2.1 に示す複雑な動きをしている．対流圏 (troposphere) においては，上層にいくに従って低くなる．これは，太陽放射によって地表付近の大気が暖められ，それが上昇するとき断熱膨張することにより温度が下がるためである．大気が乾燥しているときには，この低減率は 9.8 K/km となるが，実際には水蒸気をふくんでいるため 6〜7 K/km となる．高度 80 km 以上の熱圏 (thermosphere) における温度は，太陽活動の影響を大きく受け 600〜1500 K の範囲で変動している．表 2.1(b) は太陽黒点活動極小値における値である．太陽黒点活動極大値においては，たとえば 1000 km の温度は 1500 K である．

大気組成は，高度 100 km まではほぼ窒素 N_2 が 80%，酸素 O_2 が 20% と考えてよいが，これより上層になると，図 2.2 に示すように組成比は一定でなくなる．高度 200 km 付近では原子状酸素 O，それより上ではヘリウム He，原子状水素 H がおもな成分

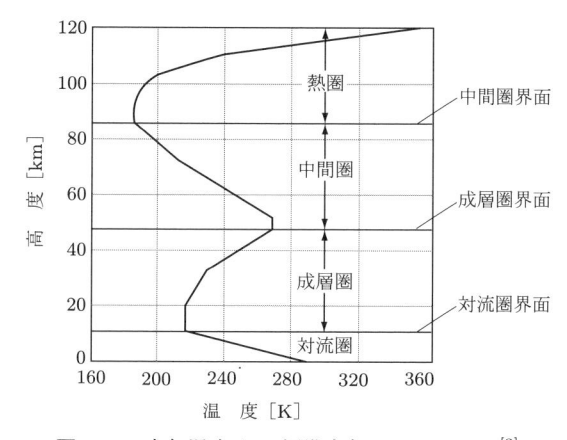

図 2.1 大気温度 (US 標準大気 1972 による)[3]

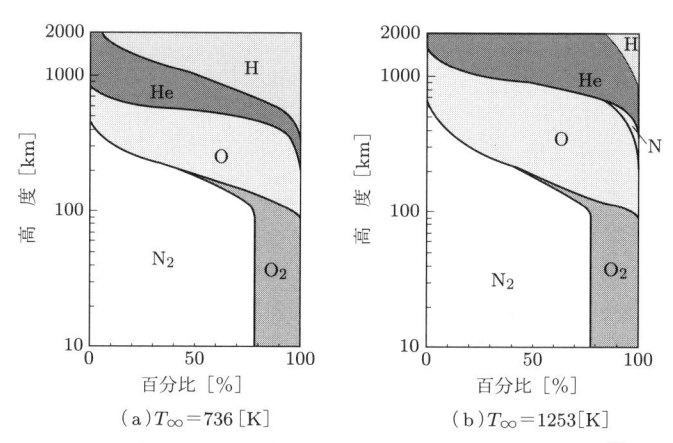

(a) $T_\infty = 736$ [K]　　(b) $T_\infty = 1253$ [K]

図 2.2 熱圏温度と大気組成 (CIRA モデル 1986 による)[3]

となる．なお，この比率は熱圏の温度 T_∞ により大きく異なる．図では $T_\infty = 736$ K と 1253 K の 2 例を示した．

2.2 放射線

　宇宙から降りそそぐエネルギーの高い粒子 (光子など) は，物質に衝突すると，その分子構造に大きな影響を与える．この宇宙のどこからともなく降ってくる宇宙線 (その実体は，陽子ほかの原子核と電子である) は，われわれの体をも通過して，地下数 km にも到達する．しかし，地表に到達するこれら放射線も，実は，地球をとり巻く大気や磁場によって著しく妨げられている．本節では，このような放射線の種類とその減衰について考察する．

　太陽は赤外領域から可視領域，紫外領域にわたり，近似的に 5800 K の黒体に相当した熱放射を行っている (図 6.2 参照)．この熱放射は可視領域で強く，波長の短い X 線や γ 線では弱くなっている．紫外線は，$0.28~\mu$m より波長の短いものは大気により吸収され，大気分子を解離したり分離したりしてエネルギーを与え，成層圏でオゾン層を形成する[1]．

　X 線や γ 線は，オゾン層上空で吸収されてしまうため地表に対する影響はないが，宇宙空間ではこれらの吸収物質がきわめて少ないため，これら放射線は太陽から放射されたまま太陽からの距離の二乗に反比例した強度で存在している．しかし，そのエネルギーはそれほど大きくなく，宇宙機の表面物質に対して作用するのみなので，非貫通型の放射線とよばれている．

　それに反して，宇宙線をはじめとする高エネルギーの粒子線，特に荷電粒子線は，エネルギー範囲が GeV ときわめて大きなものもあるので，宇宙機や人間に対して大きな影響を与える．

　宇宙線はその起源を特定されたものは少ない．超新星爆発はその起源のひとつであるが，磁気圏外では一般にはほとんど全方向で差がなく，ひとつひとつの起源を特定することはできない．唯一特定できるのは，太陽宇宙線とよばれる太陽のフレアによって出現する高エネルギー荷電粒子群であり，われわれとの距離が近いこともあり，最も危険な放射線である．

---

[1] 紫外線により形成されたオゾン層が，今度は紫外線を吸収して，紫外線が地表に降ってくるのを妨げている．紫外線のなかで一番波長が短く強烈なものは UV-C とよばれているが，これは成層圏上層 (高度 30～40 km) で吸収されて，地上には届かない．二番目に波長の短い紫外線 UV-B は，そのほとんどがオゾン層 (高度 20～30 km) によって吸収されるが，地表に届くものは皮膚がんなどの原因となる．最後に UV-A とよばれる紫外線はほとんど地上に届く．日焼けしたり，魚の天日干しができるのは，この紫外線 UV-A による．

太陽フレアにともなう太陽宇宙線は，持続時間は数時間に過ぎないが，エネルギー範囲は数百 keV から 1 GeV にも達し，その強度 (積分フラックス) は銀河宇宙線の 1000 倍にもなるので，宇宙機や宇宙飛行士に短時間に大きな影響を与える．長期にわたる宇宙飛行や，月，惑星探査にとってきわめて危険であることがわかる．

しかし，地球近辺にあって定常的に最も大きな累積効果を与えるのは，放射線帯，いわゆるヴァン・アレン (Van Allen) 帯である (図 2.3(a))．ロケットによる宇宙探査の最初の大発見といわれるこの放射線帯は，太陽からの高エネルギー粒子 (この粒子群を太陽風とよぶ) がさまざまな過程を経て地球磁場に捕捉され，平均的に地上 1000 km から地球半径の数倍 (5〜6万 km) の高さにわたる巨大なドーナツ状に分布している．図 2.3(a) に示すように，地表面からヴァン・アレン帯までの距離は赤道上で最も遠く，高緯度地方ほど地表面に近づく．図 2.3 (b) に示すようにヴァン・アレン帯は二つの層からなっており，内側のものは赤道上約 3000 km に中心があり，高エネルギープロトン (陽子，水素原子核) がその主体である．外側のものは赤道上約 20000 km に中心があり，高エネルギープロトンと高エネルギー電子が主体である．図には，単位時間に 1 cm^2 の面積を貫く粒子数も示している．

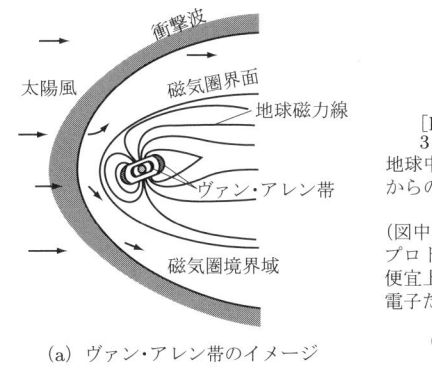

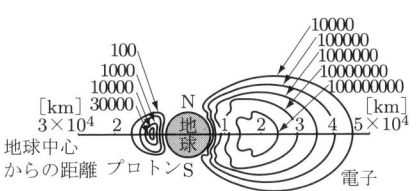

(a) ヴァン・アレン帯のイメージ

(b) ヴァン・アレン帯の高エネルギープロトンおよび電子の分布

図 2.3　ヴァン・アレン帯 [4]

2.3　微小重力

宇宙船内で宇宙飛行士がふわふわと漂っている様子は，テレビなどで茶の間ではお馴染みである．このように，宇宙船内では重力がほとんど感じられないことはよく知られている．これは，慣性飛行では，宇宙船の運動は中心天体の引力と釣り合ったケプラー運動をしているために軌道上の宇宙船だけに生じる現象で，宇宙空間の特質ではない．

地球周回の人工衛星を例にとって考えると，運動の中心天体である地球は完全な球

ではなく，さらに 2.1 節で述べたように，希薄ではあるが存在する大気抵抗による減速のため，完全に無重力にはならない．また，宇宙船の機体制御にともなう反作用力も，無重力を乱す原因となる．有人宇宙船では，飛行士のほんの少しの行動も無重力環境を乱す．ちなみに，スペースシャトル内では $10^{-3} \sim 10^{-4}$ G[2]程度である．建設中の宇宙ステーションでは無重力実験のため 10^{-6} G 以上の環境が要望されているが，実現は難しそうである．

2.4 微小天体および人工破砕物

宇宙空間には，宇宙塵，隕石，彗星，小惑星などの微小天体 (メテオロイド) や人工衛星，ロケットの最終段およびそれらの放出部品やデブリ (人工破砕物) が数多く存在している．その大きさと存在密度を図 2.4 に示す．縦軸の単位は 1 年間，$1\,\text{m}^2$ の面に衝突する個数である．

図 2.4 において，GEODSS および US-SPACECOM は米国の軍による地上からの

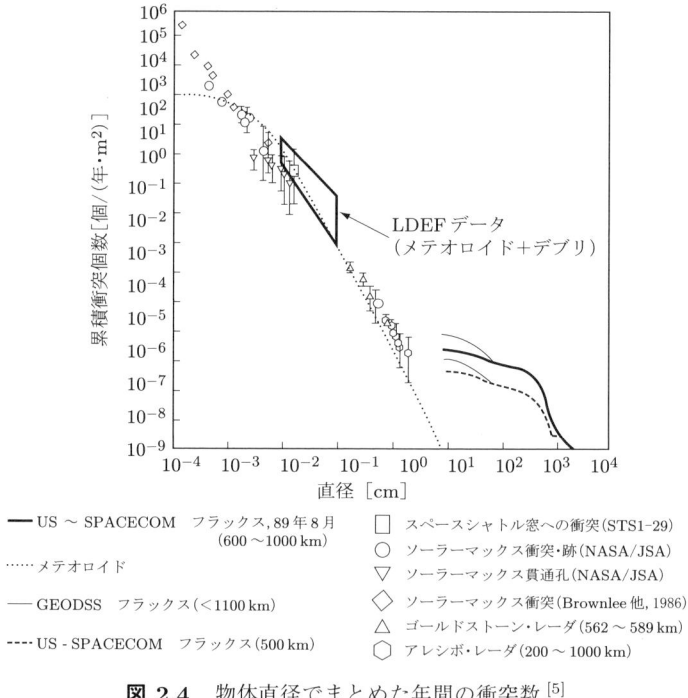

図 2.4 物体直径でまとめた年間の衝突数 [5]

---

2) 重力加速度 g [m/s^2] は地球上の場所によってそれぞれ異なる値を示すが，標準重力加速度として $g = 9.80665$ [m/s^2] が定義されている．宇宙船内の加速度の単位として慣例的に単位 G が用いられているが，G $= 9.80665$ [m/s^2] である．

観測であり，アレシボ・レーダーおよびゴールド・ストーン・レーダーは電波望遠鏡を改良したNASAの高性能なレーダーである．LDEF (長時間曝露装置) やソーラーマックスはNASAの人工衛星であるが，これらのデータは軌道上での衝突痕から実際に得られたものである．

スプートニク以来約5000個の人工衛星が打ち上げられた結果として，高度2000 km以下の宇宙空間に存在するデブリの質量は，3000 tに達すると見積もられている．これらのデブリの大きさは，mm以下のサイズから10 mにまでおよんでいる．これらの軌道上の速度は8 km/sのオーダーである．これらの発生源は，主として軌道上での宇宙機の爆発，破砕物どうしの衝突および宇宙機表面からの剥離とされている．たとえば，1986年11月13日のアリアンロケット第3段の爆発で，10 cm以上の追跡可能な破砕物が460個も発生したことがあった．

このような状況が続くと，スペースシャトルや宇宙ステーションのような比較的低高度の宇宙機には，デブリとの衝突の危険性が高まる．現実に，スペースシャトルの窓に1 mm以下のデブリが衝突したことが報告されている．衝突時には相対速度が10 km/sのオーダーとなるため，デブリの大小にかかわらず宇宙機にとってきわめて危険である．これらのデブリに対する対策については10.5節で述べる．

2.5　宇宙機の温度

一般に，熱は伝導，対流および放射によって運ばれる．宇宙空間では真空であるため，宇宙機が高温になっても放射によってしか熱を逃がすことができない．宇宙空間にある宇宙機に対しての熱の入力は，太陽からの熱放射と宇宙機内で消費される電力による発熱であり，出力は宇宙空間に対する放射である．地球に近い軌道上をまわる人工衛星では，地球からの放射も受けるため表面温度は，次の式で表すことができる (図2.5参照)．

$$\alpha F_s S + \alpha F_r R + \alpha_i F_e E + Q = \sigma \varepsilon F T^4 \tag{2.2}$$

ここで，
- α ： 太陽光吸収率
- σ ： ステファン–ボルツマン定数
- F_s ： 太陽光に対する有効受光面積
- F_r ： 地球アルベドに対する有効受光面積
- F_e ： 地球赤外線に対する有効受光面積
- F ： 有効放射面積
- Q ： 人工衛星内部消費エネルギー
- α_i ： 赤外線吸収率
- ε ： 赤外線放射率
- T ： 宇宙機表面温度
- S ： 太陽光強度
- R ： 地球アルベド強度
- E ： 地球赤外線強度

図 2.5 中の記号:

入力$_1 = \alpha F_s S$

入力$_2 = \alpha F_r R + \alpha_i F e E$

入力$_3 = Q$

出力 $= \sigma \varepsilon F T^4$

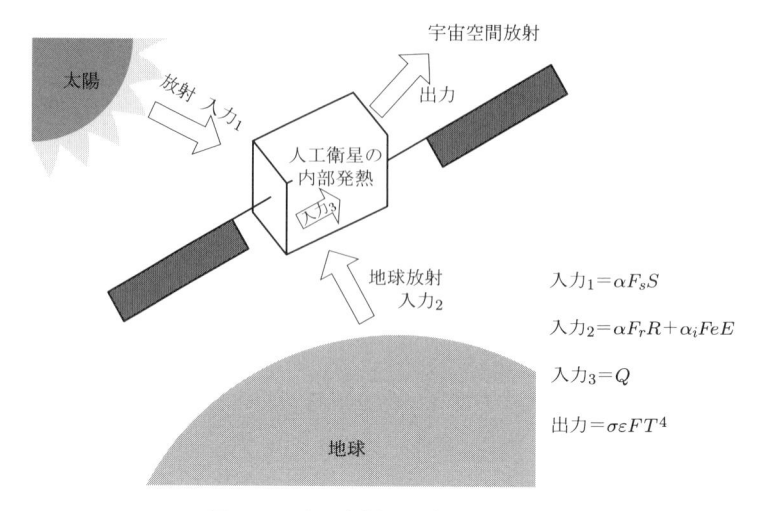

図 2.5 人工衛星のエネルギー収支

ここで，地球アルベドとは，太陽からの入射放射量に対して反射するものの割合である．地球近傍の人工衛星に入ってくるエネルギーとしては太陽からのエネルギーが最も大きいが，ほかの二つも簡単には無視できない．すなわち，S は 1400 W/m^2 であるのに対し，太陽に面している地球表面からのアルベドの平均は 475 W/m^2，夜間側からの赤外線放射は 225 W/m^2 に達する．

いま最も簡単な例として，内部発熱のない熱伝導度無限大，半径 r の球殻が地球から遠く離れて飛行している場合を考えてみる．この場合，地球の存在を考えなくてよいから式 (2.2) は $\alpha F_s S = \sigma \varepsilon F T^4$ となり，さらに球殻に対する F_s および F はそれぞれ πr^2，$4\pi r^2$ であるから，表面温度 T は，

$$T^4 = \frac{1}{4}\frac{\alpha}{\varepsilon}\frac{S}{\sigma} \tag{2.3}$$

ときわめて簡単な式となる．

ここで，σ：物理定数 S：太陽定数 であるから，T は α/ε の値によってのみ決まることになる．一般に，放射率 ε が温度によりかなり変化する固体表面については，温度 T_i の黒体または灰色体から放射された放射線が温度 T_l の固体表面で吸収されるときの吸収率 α は，放射理論より，その固体面が金属のときには，温度 $\sqrt{T_i T_l}$ のときのその面の ε の値に等しい．

$$\alpha = \varepsilon\left(\sqrt{T_i T_l}\right) \tag{2.4}$$

その固体面が非金属のときには，温度 T_i のときのその面の ε の値に等しい．

$$\alpha = \varepsilon(T_i) \tag{2.5}$$

各種金属面の全放射率 (total emissivity) を図 2.6 に示す．実際，どの程度の温度になるかは，例題 2.1，2.2 で計算することにする．実際の宇宙機の温度設計は，内部発熱もあり形状も非常に複雑なので簡単ではないが，内部発熱のあまり大きくない地球周回衛星にとってこのような表面状態を適当に選ぶ受動的温度制御は，重量的にも，電力的にも非常に有効である．

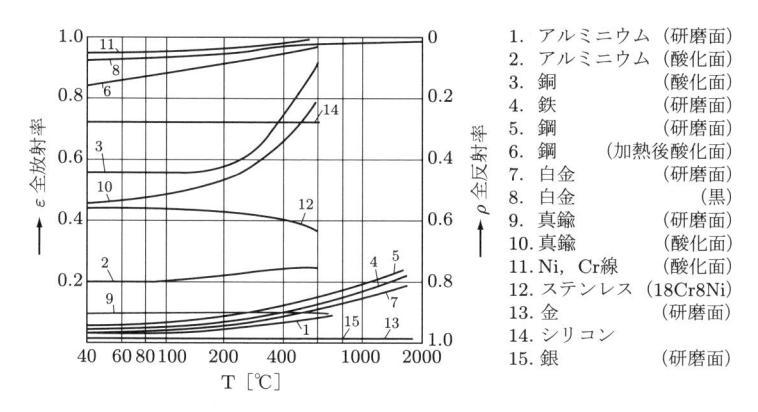

1. アルミニウム　（研磨面）
2. アルミニウム　（酸化面）
3. 銅　　　　　　（酸化面）
4. 鉄　　　　　　（研磨面）
5. 鋼　　　　　　（研磨面）
6. 鋼　　　　　（加熱後酸化面）
7. 白金　　　　　（研磨面）
8. 白金　　　　　　　（黒）
9. 真鍮　　　　　（研磨面）
10. 真鍮　　　　　（酸化面）
11. Ni，Cr線　　　（酸化面）
12. ステンレス　（18Cr8Ni）
13. 金　　　　　　（研磨面）
14. シリコン
15. 銀　　　　　　（研磨面）

図 2.6　金属面の全放射率 [6]

●例題 2.1●

地球より十分離れたところを運行している人工衛星が太陽光を受けている．衛星表面が鋼の研磨面でできている場合と，銀の研磨面でできている場合の表面温度を求めよ．ただし，太陽光の強度 $S = 1400$ W/m^2，ステファン–ボルツマン定数 $\sigma = 5.67 \times 10^{-8}$ W/(m$^2\cdot$K^4) とする．各研磨面の放射率は図 2.6 を参照して決めること．

解　人工衛星表面の初期温度を 300 K とすると，太陽の表面温度は 5700 K であるから，鋼の研磨面吸収率 α は，式 (2.4) より，

$$\alpha = \varepsilon(\sqrt{T_i T_l}) = \varepsilon(\sqrt{5700 \times 300}) = \varepsilon(1307.6 \text{ K}) = 0.20$$

(上式の意味は，図 2.6 より鋼の 1300 K における放射率 ε を読むという意味である)．したがって，鋼の面の表面温度は，式 (2.3) より，

$$T = \left(\frac{1}{4}\frac{\alpha}{\varepsilon}\frac{S}{\sigma}\right)^{1/4} = \left(\frac{1}{4}\frac{0.20}{0.1}\frac{1400}{5.67 \times 10^{-8}}\right)^{1/4} = 333.3 \text{ K}$$

となる．一方，銀の研磨面では，

$$\alpha = \varepsilon(1307.6 \text{ K}) = 0.02$$

(図 2.6 より銀の研磨面の 1300 K における放射率 ε は 0.02 である). したがって,銀の表面温度は,式 (2.3) より,

$$T = \left(\frac{1}{4}\frac{0.02}{0.02}\frac{1400}{5.67 \times 10^{-8}}\right)^{1/4} = 280.2 \text{ K}$$

となる.

● 例題 2.2 ●

例題 2.1 と同じ条件の人工衛星表面に,セコンド・サーフェイス・ミラー[3)]を巻いた場合の表面温度を求めよ.ただし,セコンド・サーフェイス・ミラーの太陽光吸収率 $\alpha = 0.02$,赤外放射率 $\varepsilon = 0.90$ とする.

解 題意より,

$$T = \left(\frac{1}{4}\frac{\alpha}{\varepsilon}\frac{S}{\sigma}\right)^{1/4} = \left(\frac{1}{4}\frac{0.02}{0.90}\frac{1400}{5.67 \times 10^{-8}}\right)^{1/4} = 108.2 \text{ K}$$

となる.これにより,セコンド・サーフェイス・ミラーの効果が理解できると考える.

2.6 気化,脱ガス,真空摩擦

すべての物質はそれぞれ特有の蒸気圧をもっている.蒸気圧が飽和蒸気圧 (温度により決まる一定の値) 以下の場合には物質は気化する.金属でさえも気化は生じ,時間の経過とともにその体積は減少する.

また揮発性成分をもつ物質,たとえば高分子化合物やそれをふくんだ複合材などからは揮発成分が多く気化し (脱ガスし),その物理的性質が変化することが知られている.真空の環境では気化した粒子が絶えず拡散してしまうので,気化は限りなく進む.また,これらのガスは,宇宙機を汚したり高圧電源の放電を引き起こす原因となったりする.

図 2.7 に示すように,大気中では金属の表面は,汚れ,吸着分子,酸化物などで覆われているが,宇宙空間ではそれらが気化してなくなり金属の地肌 (素地) が露出する

---

3) 薄いガラス板の下側の面に金属を蒸着し,上側の面の放射率を大きくした多層のミラーをセコンド・サーフェイス・ミラーといい,太陽光が直射する場合に,優れた放熱板として用いられている.

ため,回転部分などに大きな摩擦が生じ,極端な場合には冷間溶着[4]が起こって焼きついてしまうことがある.真空中では,通常の潤滑油は蒸発してしまうため,使用不可能である.そのため宇宙では,二硫化モリブデン,二硫化タングステン,酸化ホウ素などの微粒化した粉末を固体潤滑材として直接に,またはテフロンのような摩擦の少ない物質に混合して回転部に使用している.

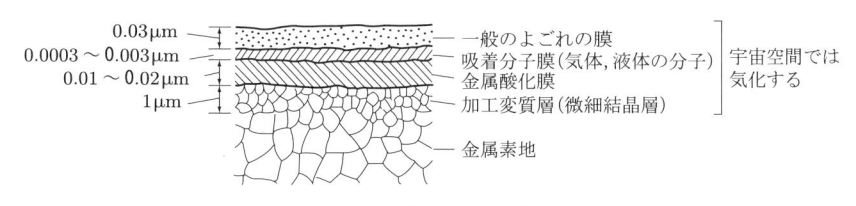

```
0.03 μm ──────── 一般のよごれの膜          ┐
0.0003～0.003 μm ── 吸着分子膜(気体,液体の分子) │ 宇宙空間では
0.01～0.02 μm ──── 金属酸化膜               │ 気化する
1 μm ─────────── 加工変質層(微細結晶層)      ┘
                  金属素地
```

図 2.7 金属表面の構造

2.7 酸素原子による侵食

2.1節で述べたように,太陽活動にもよるが,高度100 kmから数百kmにわたる大気の成分は原子状酸素である.そのなかを宇宙機は8 km/s前後の速度で飛行するので,宇宙機の前面には数eV以上のエネルギーをもった酸素原子が衝突してくることになる[5].もともと酸素原子は活性が高いので,宇宙機表面では強い酸化現象が起こり,表面材は侵食される.すぐれた強度や耐熱性で最近注目されている炭素系複合材も,炭素が容易に酸化されるため,宇宙ステーションのように長時間宇宙に滞在するものにはそのままでは不適当ではないかと考えられている.たとえば,太陽活動の1周期(11年)中に宇宙ステーションの前面が受ける酸素原子の総量はおよそ10^{22}個/cm^{2}で,それによって外部支持トラスの表面に使用する予定であった厚さ1.25 mmの被覆材の炭素複合材が,3周期(約30年間)で約80%消失してしまうという計算結果が得られた.

また,スペースシャトルや低高度を通過する人工衛星にみられた可視部から赤外部にかけての発光現象も,大部分が原子状酸素によるものと思われている.

---

[4] 通常,溶着は高温状態で起こるが,宇宙空間のように金属表面に不純物がなくなった状態では,記述したように低温でも溶着が起こる.

[5] 8 km/sで飛んでいる酸素原子の運動エネルギーは,プロトンの質量が1.672×10^{-27} kgであるから,
$$\frac{1}{2}mv^2 = \frac{1}{2} \times 1.672 \times 10^{-27} \times 16 \times 8000^2 = 8.560 \times 10^{-19} \text{ J}$$
となる.一方,1 eV = 1.602×10^{-19} Jであるから,衝突してくる酸素原子のエネルギーは数eVに相当する.

演習問題

2.1 地球より十分離れて運航している人工衛星の表面を白色ペイントで塗装した場合の表面温度を求めよ．ただし太陽光の強度 $S = 1400$ W/m^2，ステファン–ボルツマン定数 $\sigma = 5.67 \times 10^{-8}$ W/(m$^2\cdot$K^4) とする．白色ペイントの太陽光吸収率 $\alpha = 0.14$，放射率 $\varepsilon = 0.92$ である．

2.2 T_∞ が 736 K と 1253 K の場合の高度 400 km における大気成分を，それぞれ答えよ．

3 ライフサポートシステム

　宇宙環境は，無重力，超真空，極低温，高エネルギー放射線の存在など，生体にとっては過酷な状況であり，そのままでは生存不可能な環境といえる．しかし，宇宙船のように，気圧，温度，湿度などをコントロールしている乗り物のなかでは，宇宙環境といっても生存条件は無重力や放射線の影響に限定されている．この章では，まず，人間が宇宙船のような環境において生理的にどのような状態になるかを述べ，後半では長期滞在型の宇宙基地 (月，火星基地) で生存するためのライフサポートシステムについて述べる．

3.1 無重力の人体への影響

　地球軌道上で重力と遠心力が釣り合った，見かけ上，何の力も働かない状態で身体がふわふわ浮いた状態を無重力状態という (正確には無重量状態というべきである)．人体がこのような無重力状態におかれたとき，身体にはどのような影響が現れるのであろうか．

　地上では重力によって血液などの体液が足のほうに引っ張られ，心臓のポンプ作用で血液を頭まで送っている．無重力状態になると一時的に血液が頭のほうに移動する．そうすると脳は，血液が多すぎると判断し，増血機能を抑えるとともに，心臓の働きを弱めるように指令を発する．血液量を減らして心臓の働きを弱め，無重力状態に適応するのに約1週間程度の時間がかかる．血液量を減らしたり，心臓の働きを弱めたりするために，血液の成分なども変化し，免疫機能なども変化することがわかってきている．

　1週間以上の長期滞在を経験したソ連の宇宙飛行士のほとんどが，無重力順応を示したことが報告されている．一方，これら上半身に体液が貯留する方向で順応していた体が，地上に帰還して体液が急激に下肢の方向に移動すると，ときに失神したり，起立不能に陥ったりすることがある．これらの対策として，下半身にかかる圧力を下げたり，帰還直前に大量 (約 $1\,l$) の食塩水の投与が行われている．4時間ほどで飲んだ食塩水が血清を増加させるためである．

　このほか，無重力状態になると地上で平衡感覚をつかさどっている平衡石に重力が

働かなくなり，平衡感覚がずれ，いわゆる宇宙酔い (space motion sickness) が生じる．宇宙酔いは宇宙飛行の最も初期に現れ，軌道投入直後から数日以内に起こる．宇宙酔いは，宇宙飛行士の半数以上に起こるが，その症状は数日で治る．宇宙酔いの症状は，倦怠感，生あくび，冷や汗，吐き気，めまいとは違った浮遊感，回転感 (とくに宇宙船がまわっていると感じる) などが報告されている．重力センサとしては前庭器の平衡石が主要な情報元であるが，前庭感覚のほかの平衡感覚として，筋・関節・皮膚などの感覚系も重力感受にかかわっており，これらの感覚の異常は平衡感覚全体に混乱を生じさせる．この感覚混乱説は宇宙酔いの成因のひとつとされている．

すべての宇宙飛行士から長期にわたって，尿および便によりカルシウムが排出されることが確認されている．カルシウムの排出は骨に由来することが，帰還後の X 線撮影による密度計測で明らかにされた．ことに地上では荷重のかかる骨，とくに踵骨からのカルシウムの排出が著しい．このようなカルシウムの排出は，1 ヶ月に体の全カルシウム量の 0.3 ～ 0.4% と予測されており，将来の長期の宇宙滞在を考えると重要な問題である．

3.2 放射線被曝

有人飛行に際して，放射線被曝の問題はきわめて深刻である．人体に対する放射線の影響は吸収線量だけでなく，放射線の性質に関する線質係数を掛けて得られる線量当量で表す．その単位は Sv (シーベルト) で，人体 1 kg に対し 1 J (ジュール) のエネルギーを与える放射線量である．線質係数は放射線の水中における衝突阻止能の関数であるが，近似的には，X 線，γ 線，電子線 (β 線) に対しては 1，エネルギー不明の中性子，プロトン，電荷 1 の粒子に対しては 10，エネルギー不明の α 粒子 (ヘリウム原子核)，電荷不明または多重電荷の粒子に対しては 20 とする．

許容被曝量としては，職業的に被曝する成人に対しては，全身照射の場合には年間 50 mSv，一般人に対しては，その 10 分の 1 と国際的に定められている．ところが有人飛行中に大きな太陽フレアが発生すると，20 g/cm^2 (厚さ約 7 cm) のアルミ板を隔てても 0.1 Sv という大きな放射線を被曝する．また，有人火星飛行の場合，2 年半の間に太陽フレアに遭遇しなくても，同様のアルミ板遮蔽下において 0.4 ～ 1.0 Sv の放射線を被曝する．したがって，長期間の宇宙滞在では，宇宙船内に放射線被曝を避けられるような特別な区画を設けることが必要となってくる．

3.3 人間が生存できる大気環境

医学的実験により，人間が生存できる大気環境の限界が明らかになっている．図 3.1 はこれを示したもので，縦軸は気圧と等価高度 (等価深度) を示し，横軸は大気中の酸素の含有率を示している．

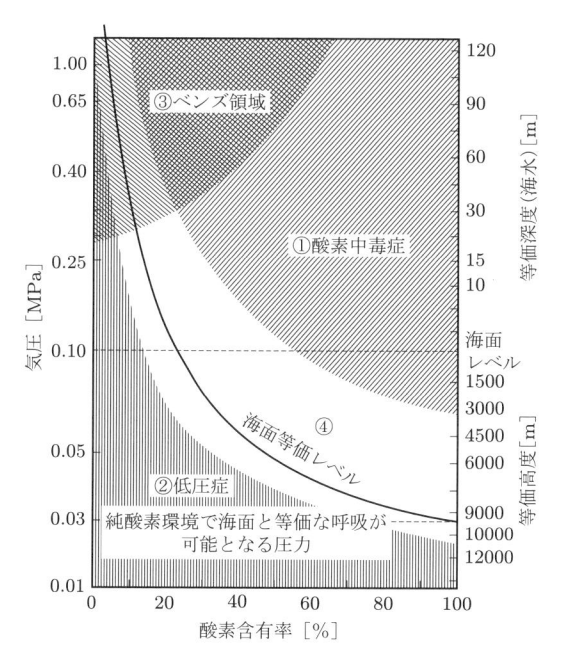

図 3.1 人間の生存できる大気環境 [7]

図中の①は人間が酸素中毒にかかる領域であり，②は低圧症にかかる領域である．③は大気中の窒素が血液中に溶け込み，減圧時に血液中に泡となって放出され，関節に激しい痛みの走る領域で，ベンズ領域とよばれている．④が，人間が支障なく生存できる領域であるが，この領域でも，急激に圧力変動が生じると身体が適応できなくなり，種々の障害が起こるので注意が必要である．したがって，宇宙のなかで生きるためには，白く示した領域の大気に制御された環境が必要であるが，できれば地上と同じ圧力と酸素，窒素の割合になるような大気が望ましい．

地球上では，地球自身の生物化学サイクル[1])により，大気の組成が一定に保たれているわけであるが，このようなサイクルのない宇宙船または宇宙基地では，人間から排出される二酸化炭素を除き酸素を供給するシステムをもっていなければならない．

---

1) 地球上のすべての生物が，摂食，呼吸，排泄などを通じて化学物質をある範囲で一定に保っていること．

人間は大気中の酸素を一日に 830 g 程度消費し，約 1000 g の二酸化炭素を排出する．数日程度の短期間の宇宙滞在では，この二酸化炭素を化学的に吸収剤に吸収し，酸素は地上からもっていく方法がとられる．

二酸化炭素を吸収する物質としては，金属の酸化物や水酸化物があるが，アメリカでは水酸化リチウムが，ソ連では酸化カリウムが採用されてきた．吸収は，キャニスターとよばれる容器に吸収剤を詰め，船内の空気をそのキャニスターに循環させることにより行われる．これらの吸収剤は，いったん二酸化炭素に触れ炭酸塩をつくってしまうと，容易なことで逆反応を起こさせることができないため，廃棄しなければならない．再利用ができないため，滞在期間に見合った量の吸収剤を地上からもっていくことになる．

たとえば，8 人の人間が 6 ヶ月間宇宙に滞在するには，水酸化リチウムの理論吸収能力が 0.92 kg CO_2/kg であるので，吸収剤だけでも約 1.6 t，酸素を合わせて約 3 t もの物質をもっていかなければならない．これらの数値は現実的でないため，数ヶ月のオーダーで滞在するときには，再使用型の吸収剤 (たとえば，アミン類) を利用し，吸収剤が二酸化炭素で飽和した後は加熱により二酸化炭素をとり出し，酸素を回収するという方法がとられる．

3.4 水の循環

閉鎖空間で生活するなかで，次に重要になってくるのが水のサイクル技術である．人間が一日にとる水は，食料などにふくまれる分をふくめて後述するように約 3000 g である．この水は体内で使われ，最終的には呼気や汗，尿の形で体外に排出される．宇宙船または宇宙基地で衛生状態を維持して生活するには，さらに数百 kg から 1 t のオーダーの水が必要である．これらの水は，たとえば，シャワー，水洗トイレ，食器洗い，手洗いというような日常の生活に不可欠である．長期間の宇宙滞在では，このような用途の水を廃棄することなく，すべて循環させて使用しなければならない．

呼気からの蒸発や，汗から蒸発した水分は除湿機で集められて，そのまま飲み水として使用できるが，汗を流したシャワー水や尿には，人体から排出された有機物などが大量にふくまれるため，再使用するためには浄化が必要である．幸いなことに，水の浄化は，地上でも工業用水のリサイクルや半導体製造に必要な超純水の製造などで，かなりの技術が蓄積しており，これらの技術が利用できる状態にある．フィルター，逆浸透膜などを使ったもの，疎水性浸透膜を使った蒸留法，蒸気圧縮蒸留法などである．

以上に述べたライフサポートシステムは，人間が宇宙で生活していくために必要な最低限の環境制御技術である．すでに確立された技術のなかには，水の再処理，再使

用という物質循環技術の一部がふくまれているが，ガス循環や食料生産をふくむ物質循環技術は現時点ではふくまれていない．今後，長期の月面基地や火星基地での滞在を実現するためには，完全密閉型環境制御技術 (CELSS :controlled ecological life support systems) の開発をしなければならない．

3.5 完全密閉型環境制御技術 (CELSS)

原始地球の大気は，二酸化炭素，アンモニア，メタンなどが主成分であり，酸素の含有率は少なく，人間や動物が生きていける環境ではなかった．20数億年前に藍藻類が海中に現れ，光合成により大気に酸素をはきだし，大気成分の改造が徐々に進み，3〜4億年前になってようやく現在のように，酸素21%，窒素78%になったといわれている．1章でも述べたように4億年くらい前にまず植物が陸上に上がってきて，動物はそれより少し遅れて3億6000年前くらいに地上に現れたといわれている．

このことは，人間をふくむ動物と植物が生理代謝のうえで互いに補い合っていることを示している．すなわち，動物は，植物から有機物を食料として摂取し，酸素を吸収し，有機物を体内で燃焼させることによりエネルギーを得て二酸化炭素を排出している．植物は，この二酸化炭素と根から吸収される成分と水から光合成により有機物を合成し，酸素や蒸散水を外部に放出している．

CELSSを構成する場合，人間も動物であることから，人間の生理代謝上要求される食料や，酸素を効率よく生産してくれる植物を選んで人工的な生態系をつくることが最も自然であると考えられる．人間が生活していくためには，生理上要求される代謝量を満たさなければならない．宇宙基地のような無味乾燥な環境では，精神安定上の理由から，やや多めのエネルギー摂取が望ましいとされている．図3.2は，人間が1日 2800 kcal とる場合，1日について摂取，排出する諸物質のバランスである．

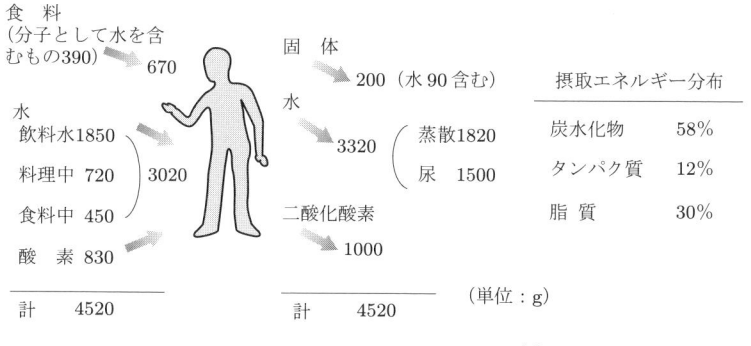

図 3.2 人間の生理代謝要求量 [8]

食料 670 g, 水 3020 g, 酸素 830 g 摂取するものとすると，糞，尿，汗，呼吸器からの蒸散量，および二酸化炭素などの放出量は図のようになる．食料の内訳をみてみると，エネルギー分布で脂質 30 %，タンパク質 12 %，炭水化物 58 % となっている．1日 1 人当たり必要となる 670 g の食料を得るため，植物を栽培して収穫することになるが，食料のなかには表 3.1 に示すような，ビタミンやミネラルをふくんだ物でなければならない．

表 3.1 体重 70 kg の男性の 1 日当たりの標準摂取量 ―― アメリカ食糧庁

成　分	摂取量	成　分	摂取量
エネルギー [kcal]	2700	カルシウム [mg]	800
タンパク質 [g]	56	銅 [mg]	3
ビタミン A [mcgR.E.]	1000	リン [mg]	800
ビタミン D [mcg]	5	モリブデン [mg]	0.3
ビタミン E [mgAlphaT.E.]	10	マグネシウム [mg]	350
ビタミン C [mg]	60	鉄 [mg]	10
サイアミン [mg]	1.4	フロリン [mg]	3
リボフラビン [mg]	1.6	亜鉛 [mg]	15
ニアシン [mg]	18	セレン [μg]	0.1
ビタミン B_6 [mg]	2.2	ヨウ素 [mcg]	150
ファラシン [mcg]	400	塩素 [g]	1.5
ビタミン B_{12} [mcg]	3	ナトリウム [g]	1.1〜3.3
バイオチン [mcg]	150	硫黄 [g]	1
パントテン酸 [mg]	8	カリウム [mg]	1525〜4575
コリン [mg]	500		

このような食料を人工的に合成することは，現在の技術をもってしても不可能であり，地上の農業生産と同じような作物を生産することが必要となる．表 3.1 に示したビタミンやミネラルをふくんだ植物として，CELSS 用の栽培植物として NASA は表 3.2 のような候補を選んでいる．

表 3.2 CELSS 用植物種 (候補)

最重要植物	重要植物
小麦	タロイモ
米	ウイングドビーン
ジャガイモ	ブロッコリ
サツマイモ	イチゴ
大豆	タマネギ
ピーナツ	エンドウマメ
レタス	
ビート	

表に記載された植物以外にも，必要なビタミンやミネラルを摂取するのに組みあわせることができる植物種は多数あり，栽培のしやすさや嗜好や味覚にもとづいて決め

ていくことになる．

　植物の全質量に対する可食部の質量の比を収穫指標というが，一般に小麦などの収穫指標は45％前後である．この指標を用いて，前述の食料670 gを採集するための一日当たりに平均化された植物の生産量は1488 gである．この生産量を達成するための生理代謝量を光合成や呼吸の量から推定すると，植物は約3000 gの二酸化炭素と約300 gの硝酸型肥料をとり入れ，約3000 gの酸素を排気している．

　このことは，人間と植物が共生していくためには，植物は人間が排出した二酸化炭素だけでは約2000 g不足であり，逆に人間は植物の排気した酸素を約2000 g余してしまうことになる．そこで，人間の排出した固形排泄物(糞，尿，汗の固形物)と植物の非可食部を，余分な酸素を使って分解し，肥料成分である硝酸および不足分の二酸化炭素をつくることができれば，人間と植物の共生状態が実現できることになる．具体的には，次の例題3.1で検討してみよう．

●例題 3.1 ●

　人間1人が，1日に必要とする食料670 gを採集するための植物の生産量1488 gを光合成でつくるために必要な二酸化炭素，および排気される酸素の量を概算せよ．ただし，光合成の式は，次のモデルを使用するものとする[9]．

可食部

$31.2CO_2 + 27.1H_2O + 0.588NH_3 + 1.15HNO_3$

$\rightarrow 1.74C_4H_5ON + 3.82C_6H_{12}O_6 + 0.086C_{16}H_{32}O_2 + 34.1O_2$ (1)

非可食部

$46.5CO_2 + 26.9H_2O + 3.24NH_3 + 1.15HNO_3$

$\rightarrow 4.4C_4H_5ON + 3.22C_6H_{10}O_5 + 0.96C_{10}H_{11}O_2 + 50.5O_2$ (2)

解　式(1)の可食部 $1.74C_4H_5ON + 3.82C_6H_{12}O_6 + 0.086C_{16}H_{32}O_2$ の分子量合計は854.0 g，$34.1O_2$ の分子量は1091.2 g，$31.2CO_2$ の分子量は1372.8 gである．式(2)の非可食部の分子量合計は1043.2 g，$50.5O_2$ の分子量は1616.0 g，$46.52CO_2$ の分子量は2046.8 gである．

　したがって，植物が必要とする二酸化炭素は，可食部670 g，非可食部818 g (1488 − 670)であるから，

$$\text{必要な CO}_2 = \frac{1372.8 \times 670}{854.0} + \frac{2046.8 \times 818}{1043.2} = 2681.9 \text{ g}$$

また，排出される酸素は，同様に，

$$\text{排気 } O_2 = \frac{1091.2 \times 670}{854.0} + \frac{1616.0 \times 818}{1043.2} = 2123.2 \text{ g}$$

となる．このモデルでは，人間に必要な可食部を 670 g に生産するためには，2681.9 g の CO_2 が必要であるが，収穫指標が変化した場合，非可食部や人間の排泄物を処理するだけでは CO_2 がバランスせず，人間が食べない余分な植物を生産する必要がある．すなわち，人間の体を通過しない植物のラインをつくる必要がある．

人間の固形排泄物や植物の非可食部を分解し，植物が吸収しやすいように無機化する作業は，地球では主として土中の微生物が行っている．これらの無機化には，相当長い時間が必要であり，また，病原菌による汚染も起こりやすいため，CELSS では好ましい方法ではない．そこで，微生物を使わない物理化学的な酸化分解方法として，触媒を使った湿式酸化法が従来から研究されている．また，人間の尿や汗には食塩がふくまれているので，尿や汗を処理したのちに食塩を回収してリサイクルさせることも必要である．以上のことを考慮したうえで，すべての物質がどこにも停滞しないような各種のサイクルを組みあわせたシステムの例を，図 3.3，3.4 に示す．

人間の居住区は，それを支える植物栽培区に比べてかなり小型でよい．また，人間と植物を混在させると，両者の物質交換量の計測が不能になり，どちらかに代謝異常が起こった場合に，その原因を明らかにすることが難しくなる．さらに，どちらかからの有害菌による感染を避けるためにも，これらの図のように，人間の居住区と植物栽培区は分離するのが望ましい．

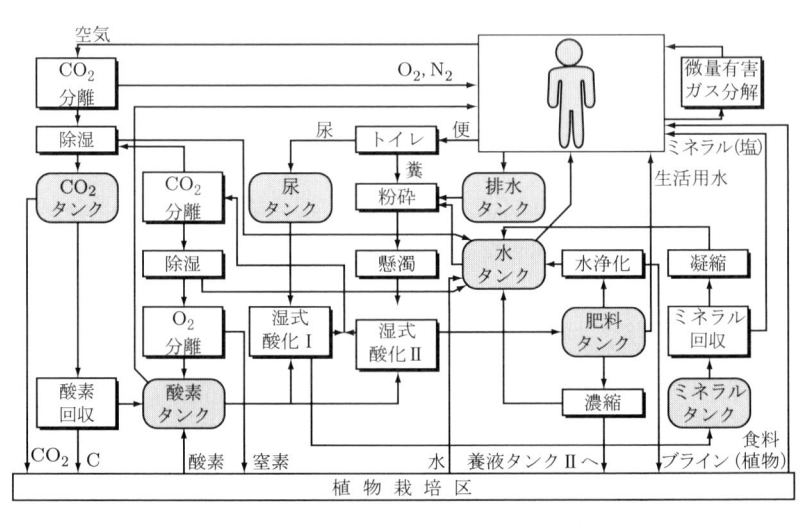

図 3.3 閉鎖人間居住区物質循環制御 [10]

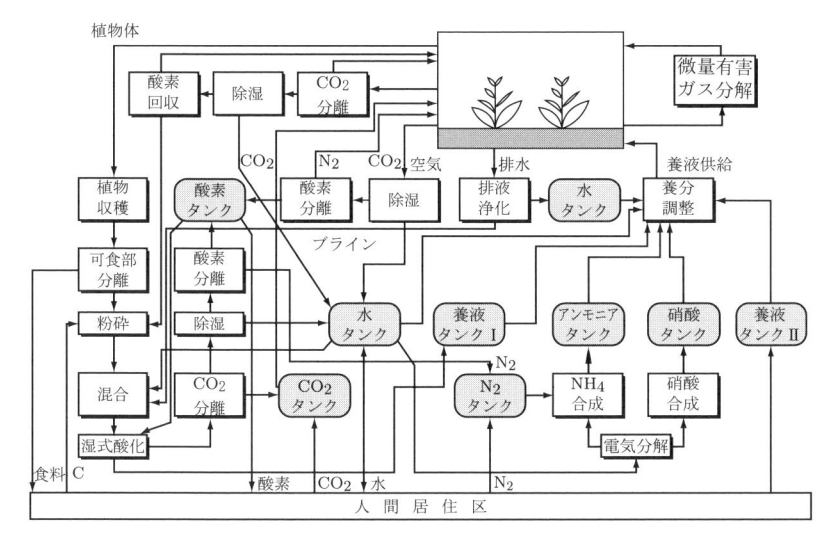

図 3.4 閉鎖植物栽培区物質循環制御 [10]

　図3.3, 3.4の簡単な説明をすると，人間居住区には植物栽培区から食料，酸素および水が供給されている．また，人間居住区から植物栽培区へ，排泄物から得られる植物栽培用溶液，および排泄物分解時に生じた窒素ガス，人間の代謝によって生じた二酸化炭素を供給している．植物の光合成量が十分でない場合，植物栽培区から供給される酸素量が不足するおそれがあるため，人間から放出した二酸化炭素から酸素を回収する装置が人間居住区に設置されている．逆に，植物の光合成に見合うだけの二酸化炭素が人間居住区から供給できない場合に対処するため，植物栽培区に二酸化炭素のバッファタンクが置かれている．植物は夜間には人間と同じように呼吸モードとなるため，植物から放出される二酸化炭素から酸素を回収する装置も設置されている．

CELSS の実証実験

　人間をふくむCELSSの実証実験としては，1991年9月26日から1993年9月25日まで，アメリカのアリゾナ州で実施されたバイオスフェアIIが有名である．バイオスフェアIIは上で述べた方法と少し異なり，地球の生態系に近づけるため土壌を利用して，気象条件の異なる熱帯雨林帯，サバンナ地帯，海，汽水域，砂漠地帯をつくり，そのなかにそれぞれの地帯に適した動物や植物とともに8人の人間を閉じ込め実験を開始した．実験開始とともに，どういう理由か酸素濃度が下がりはじめ，閉鎖空間内の気圧も極端に下がったため，開始3ヶ月目にいったん大気の入れ替えが行われた．入れ替えた後も内部気圧は下がり続け，高度4000 mに相当する気圧で安定状態になった．

　実験後，酸素分圧が下がった原因が解析され，その結果，植物から放出された酸素は土

中の微生物に吸収されたことが明らかになった．炭素や酸素の循環に対して，土中の微生物の作用が無視できないオーダーであることがわかり，狭い空間のなかで生態系のみで地球と同じような環境に制御することの難しさがあらためて明らかになった．

わが国では，環境科学技術研究所が青森県六ヶ所村に建設した「閉鎖型生態系実験施設」において，2005年9月から10月に合計3回，2人の実験者と2匹のヤギによる各1週間の実験が行われ，貴重なデータの集積がなされた．

3.6 エネルギー供給システム

月面基地または火星基地のような長期滞在型の宇宙基地においては，エネルギー供給もまた大きな課題である．同じ長期滞在型の国際宇宙ステーションでは，太陽光が利用できるため，エネルギー (電力) の供給は太陽電池によっていて，約30分の蝕の期間だけ，ニッケル–水素バッテリーに依存している．当然，蝕の期間以外の時間は，太陽電池により充電を行い，切れ目のない電力供給が実現されている．

しかし，たとえば月面基地では，蝕の期間が14日間も続くため，ニッケル–水素バッテリーでは重量的に無理なために別の方法を考慮しなければならない．そこで考えられているのが再生型水素/酸素燃料電池である．月面基地の場合，14日間の夜間には燃料電池により電気を供給し，14日間の昼間には太陽電池で生活に必要な電気を供給する一方で夜間に発生した水を電気分解し，水素と酸素を貯蔵しておくものである．すなわち，エネルギーを電気の代わりに燃料の形態で貯蔵し，その貯蔵した燃料で発電を行うものである．その基本原理を図3.5に示す．

システムは，発電部の燃料電池と蓄電部の水電解/燃料貯蔵系，および太陽電池で

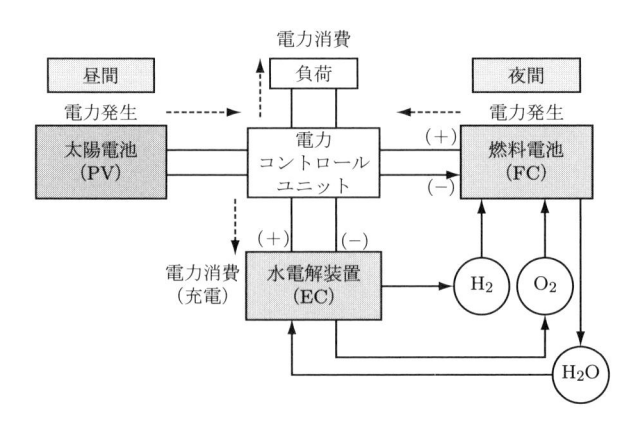

図 3.5 再生型燃料電池の基本原理

構成される．実際に，月面での再生型燃料電池を使用したエネルギー供給システムの例を図 3.6，および表 3.3 に示す．

この図は，観測機器用の 100 W の連続電力供給システムである．燃料電池/水電解槽とも，現在，性能向上が著しく，長寿命が期待される固体高分子型が採用されている．本システムに必要とされる水素および酸素の質量は，それぞれ 1.9 kg，15.3 kg である．この求め方については，例題 3.2 において解説する．なお，この例では，水素および酸素を低温のガス状態で貯蔵しているが，有人基地のような大型設備では，必要電力が 20 kW 程度になるため，水素，酸素の必要量も膨大となるので，液化して貯蔵することになる．この場合，ガス液化装置をふくめたシステム全体の信頼性向上が大変重要な課題となる．

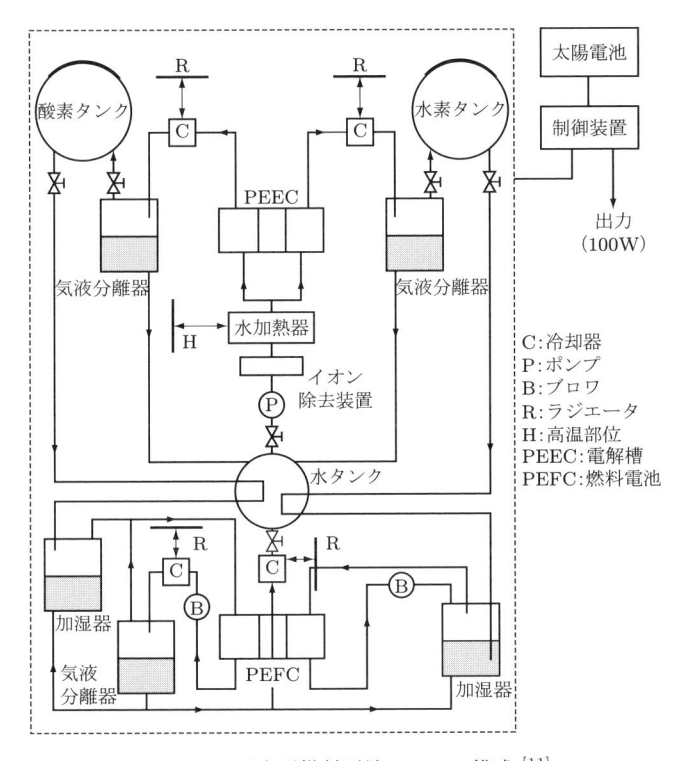

図 3.6 再生型燃料電池システム構成 [11]

表 3.3 再生型燃料電池システム諸元[11]

機器名	仕様		機器名	仕様	
システム	夜間供給電力	100[W]	燃料電池	電解質	固体高分子
	発電方式	太陽電池(昼間) 燃料電池(夜間)		運転圧力	0.1 [MPa]
				電流密度	0.15 [A/cm^2]
	燃料	水素/酸素		電極総面積	1013 [cm^2]
	系統圧力	1.0 [MPa]		膜厚	120 [μm]
	重量	約 168 [kg]		燃料利用率	95 [%]
	運用期間	3 [年]	太陽電池	形式	GaAs
電解槽	電解質	固体高分子		発電密度	0.125 [kg/W]
	運転圧力	1.0 [MPa]	燃料タンク	最大貯蔵量	水素 1.9 [kg] 酸素 15.3 [kg]
	電流密度	1.0 [A/cm^2]			
	エネルギ効率	90 [%]		貯蔵圧力	1.0 [MPa]
	電流効率	100 [%]		貯蔵温度	140 [K]
	電圧	1.65 [V]			

●例題 3.2●

14日間連続で 100 W の電力を供給できる,水素/酸素燃料電池に必要な水素,酸素の質量を求めよ.ただし,固体高分子型燃料電池の電圧は 0.79 V とする.

解 燃料に水素 H_2,酸化剤に酸素 O_2 を用いるアルカリ電解液型電池における化学反応は,

$$(-) 極 \quad H_2 \ [KOH(NaOH)] \quad O_2 \quad (+) 極$$
$$(-) 極 \quad 2H_2 + 4OH^- \quad \rightarrow \quad 4H_2O + 4e$$
$$(+) 極 \quad O_2 + 2H_2O + 4e \quad \rightarrow \quad 4OH^-$$

であり,結局,

$$H_2 + \frac{1}{2}O_2 + 2e \quad \rightarrow \quad H_2O + 2e$$

となり,1分子量の水素と 1/2 分子量の酸素から 2 F (ファラデー) の電気が得られる.ここで,1 F とは電子 1 mol の電荷 9.648×10^4 C (クーロン)/mol であり,

$$1F = 9.648 \times 10^4 \ As/mol = 26.80 \ Ah/mol$$

となり,26.8 A の電流を 1 時間,または 1 A の電流を 26.8 時間流せる電気量に相当する.1分子量の水素ガスから 2 F(=53.6 Ah) の電気量が得られるから,14日間,100 W の発電に必要な水素ガス量は,

$$\frac{100 \ AV \times 14 \times 24 \ h}{0.79 \ V \times 53.6 \ Ah/mol} = 793.5 \ mol = 1587 \ g = 1.58 \ kg$$

である.同様に,酸素は 12.69 kg となる.

演習問題

3.1 20 kW の電力が必要な有人基地を 1 日稼働させるために必要な，水素/酸素燃料電池の水素，酸素の質量を求めよ．ただし，固体高分子型燃料電池の電圧は 0.79 V とする．

3.2 1 人で 1 週間宇宙に滞在する場合，必要な二酸化炭素吸収剤の水酸化リチウムと酸素の量を求めよ．

3.3 完全密閉型環境を作るうえで，人間居住区と植物栽培区を分離する理由を説明せよ．

4 宇宙往還機

2010年に運用が開始される予定の国際宇宙ステーションへの人員と物資の輸送手段として,さまざまな輸送手段が検討されている.使い捨て型のロケットでは輸送コストが高く膨大な輸送需要に対応できず,再使用型の宇宙往還機が必要となる.現用のスペースシャトルは,一応,再使用型の宇宙往還機であるが,外部タンクを捨てたり,固体ブースターも数回の再使用のみで,その運用コストは予想外に高いため,新たな完全再使用型宇宙往還機が望まれている.

このような再使用型の宇宙往還機には,有翼型のいわゆる揚力飛行体(リフティングボディ)とロケット型の2種類がある.

ディスカバリー

4.1 有翼型宇宙往還機

有翼型宇宙往還機は翼をもち,地球をとりまく大気を利用して揚力を発生させるため,航空機と同じように滑走離着陸することができる.その意味で,このタイプの宇宙往還機は一種の宇宙航空機と考えられる.このような機体・システムが確立されると,同じ仕様の機体で高度30 km以上の高層を極超音速で飛行し,地上の主要地点間を1～2時間で連絡する極超音速輸送機(hyper sonic transport)の構想も可能となるため,このような宇宙航空機をスペースプレーン(spaceplane),またはエアロスペースプレーン(aerospaceplane)という.このようなシステムの構想を図4.1に示す.

完全再使用型宇宙航空機は,輸送手段として理想的なものである.これらは図4.2に示すように,さらに単段式(SSTO:single stage to orbit)と2段式(TSTO:two stage to orbit)に分けられる.

単段式は,離陸した機体がそのまま低地球軌道(LEO:low earth orbit)まで達し,役目を終えた後,帰還着陸する方式である.2段式は,打ち上げ機(母機)にとり付け

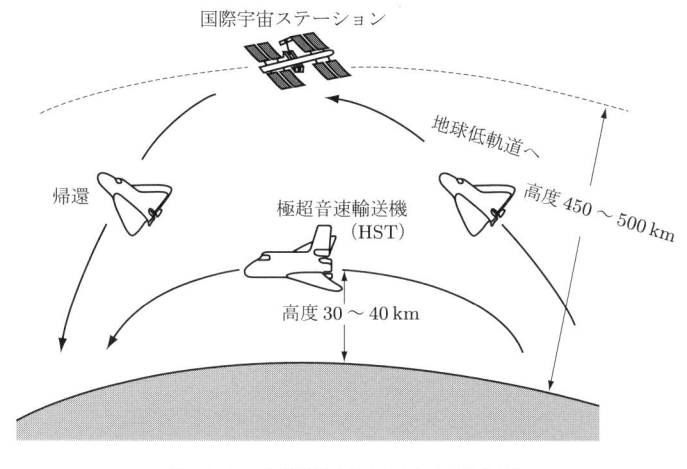

図 4.1 宇宙往還システムの概念図

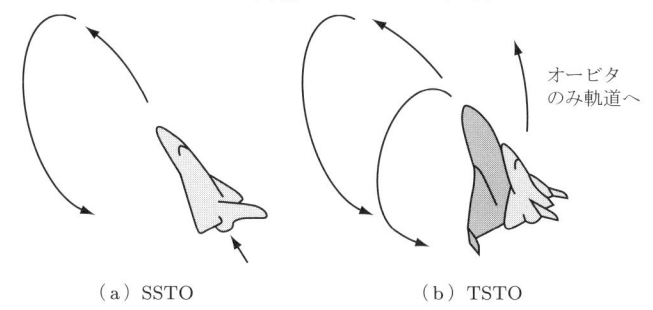

(a) SSTO　　　　　　(b) TSTO

図 4.2 完全再使用型往還機の2形式

られたオービタ(軌道船)が切り離された後，軌道に達し，打ち上げ機，オービタとも滑空方式で着陸するものである．さらに，往還機は垂直に離陸するものと水平に離陸するものがある．理想的には完全再使用型，水平離着陸方式のSSTOであるが，その技術的ハードルはきわめて高い．各システムの特徴を表4.1に示す．

表 4.1 宇宙往還システムの特徴

	完全再使用型		離陸方式	
	SSTO	TSTO	垂直離陸	水平離陸
長所	・再使用性が高い ・単一機体の使用で済む	・再使用性が高い ・ペイロードが大きい ・エンジンを第1段と第2段で別々にできる	・エンジンの選択が比較的容易	・航空機と同じ滑走路が使える
短所	・技術的課題が多い ・ペイロードが少ない	・第1段と2段の切り離しに課題が多い	・大推力が必要	・エンジンの選択が課題

4.2 ロケット型宇宙往還機

ロケット型宇宙往還機の例として，ダグラス社の提案しているデルタ・クリッパーを図 4.3 に示す．

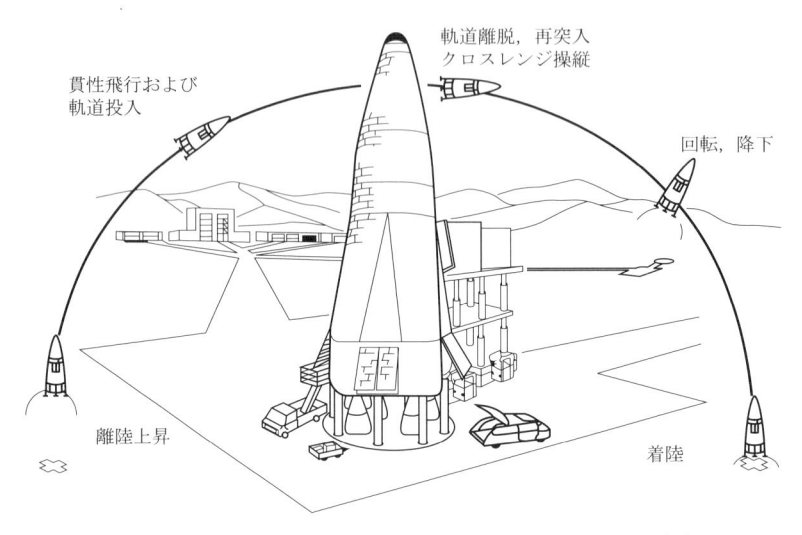

図 4.3 デルタ・クリッパーのミッションプロファイル [12]

図 4.3 に示すように，ロケットにより垂直に離陸してそのまま軌道に到達し，帰還時には軌道を離脱した後，機首から大気圏に突入するが，高度 15 〜 18 km で機体を回転させてエンジンを作動させることによりそのまま垂直に着陸するものである．この方式でも 2 段式は考えられないこともないが，多くの検討は単段式に集中している．この方式は有翼型に比べて技術課題が少なく，実現性が大きいと考えられている．その理由は，有翼型宇宙往還機は宇宙に行ってしまえば決して使われることのない翼をもっているために質量比が厳しくなってしまうためである (数式的説明は，第 5 章にて述べる)．

4.3 技術課題

宇宙往還機は航空機と同様な性質をもつので，その開発には航空機の技術を応用できる面もあるが，異なった面も存在する．飛行機はたかだか高度 20 km 程度の高度を飛行するにすぎないが，宇宙往還機は高度 120 km 程度まで存在する大気を利用するがそれにともなってさまざまな問題も生じる．

離陸した往還機は，低速から遷音速，超音速，極超音速と広い範囲の速度域を通過

するが，帰還時にもこの逆で同じ状況となる．機体まわりの空気の性質は速度に応じて異なり，空気力(揚力，抗力など)の特性および熱的特性も変わってくる．このことは，飛行特性，制御特性に大きな影響を与える．また，推進系も上記のような速度範囲，上空の希薄空気に対応できるものでなければならない．大気圏再突入時には，その運動エネルギーが熱に変えられて機体に伝えられるため，耐熱材料を適正に使用するとともに，適当な熱防御システムが必要である．

以下におのおのの技術課題とそれに対する対策について概説する．

4.3.1 空力特性および飛行特性

スペースシャトル型宇宙往還機の空力特性に関する問題は，帰還時にともなうものが多い．大きなクロスレンジとダウンレンジ[1]を確保するため，30〜40°の大迎角をとって飛行することが多く，失速直前での非対称・非線形な飛行特性や動安定性の悪化を予測・解析することが困難なことや，単一垂直尾翼が胴体後部の乱れた流れのなかに入ることによる舵の効きの悪さなどが問題となる．

有翼型の往還機が飛行できる範囲は，図 4.4 に示すように限られている．

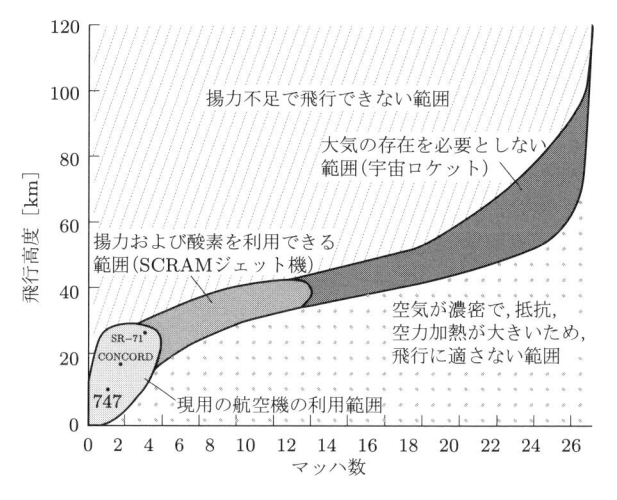

図 4.4 宇宙往還機の飛行域

---

1) 図 7.7 の人工衛星の軌道に示すように，人工衛星は 1 周回ごとに地上に描く軌跡は西にずれていく．ずれる幅は周回数にもよるが，約 2000〜3000 km になる．目標の着陸点が軌道の真下にあればブレーキをかけて真っ直ぐ降りていけばよいが，そうでない場合には，宇宙機は隣り合った軌道のどこにでも横滑りできる能力をもつ必要がある．その距離は 1500 km ほどになるが，この横方向の飛行距離をクロスレンジという．これに対して軌道に沿った方向に測った距離をダウンレンジという．カプセル型の往還機の場合は，クロスレンジが小さいため着陸点を軌道の重なる点 (海上であろうとなかろうと)に選ぶことが多い (図 7.7 の例では，オーストラリアの西海上 A 点など)．それは，1 回帰還の機会を逃しても，次の周回のとき再びトライできるというメリットがあるからである．

飛行マッハ数に対して高度が低すぎるときに後述する空力加熱が大きくなり過ぎ，高度が高すぎるときには揚力が足りなくなってしまう．したがって，飛行に適する経路は，図4.4に示すように，きわめて限られた範囲になっている．

4.3.2 誘導制御および航法

有翼機は，軌道飛行時にもっている莫大なエネルギーを適正に消散させて安全に地上の目的地に誘導される必要がある．ここでは，スペースシャトルの帰還時の誘導方法について述べる．軌道の離脱は小型のロケットエンジンにより行われ，地球を約3分の1周したところで大気圏に再突入する．このときの高度は約 120 km である．

この再突入フェーズでは，40°近くの大きな迎角をとって減速する．クロスレンジ操縦はバンク角をとることにより行う．迎角およびバンク角の定義を図4.5に示す．この間の機体の姿勢制御は，後部にとり付けられたガスジェット装置 (RCS：reaction control system) を使って行われるが，動圧が一定以上になったところで順次空力舵面操作に切り替えられる．高高度からの航法は，慣性航法装置 (INS：inetial navigation system) により行われるが，とくに 20 km 以下の運動エネルギーの処理は，エネルギー制御コンピュータ (TAEM：terminal area energy management) により，スピードブレーキおよび周回飛行により実施される．着陸は機上の高精度着陸誘導システムにより，マイクロ波着陸システム (MLS：microwave landing system) などの支援を受けて行われる．

軌道離脱から再突入まで 30 分，さらに着陸まで 30 分かかり，この間スペースシャトルは地球を半周することになる．軌道離脱後の飛行はすべて無動力の滑空飛行である．

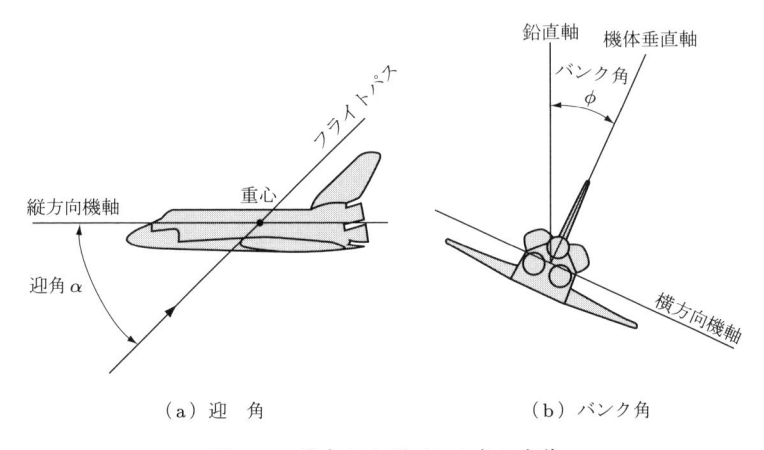

(a) 迎 角　　　　　(b) バンク角

図 4.5　迎角およびバンク角の定義

4.3.3 空力加熱と熱防御システム

機体が高速で飛行するとき，その大きな運動エネルギーが大気の熱エネルギーとなって消散されるが，この一部が機体に伝達され，機体の表面温度を上昇させる．この現象がいわゆる空力加熱である．耐熱温度の高い材料で表面を覆い，空力加熱によって高温に達した表面から強い放射(輻射)放熱を行い，機体内部への熱の侵入を防ぐとき，加熱と放射放熱が釣り合った状態で放射平衡温度 $(T_w)_e$ (4.4節参照) に達する．図 4.6 は各種飛行体の飛行経路における放射平衡温度を示したものである．

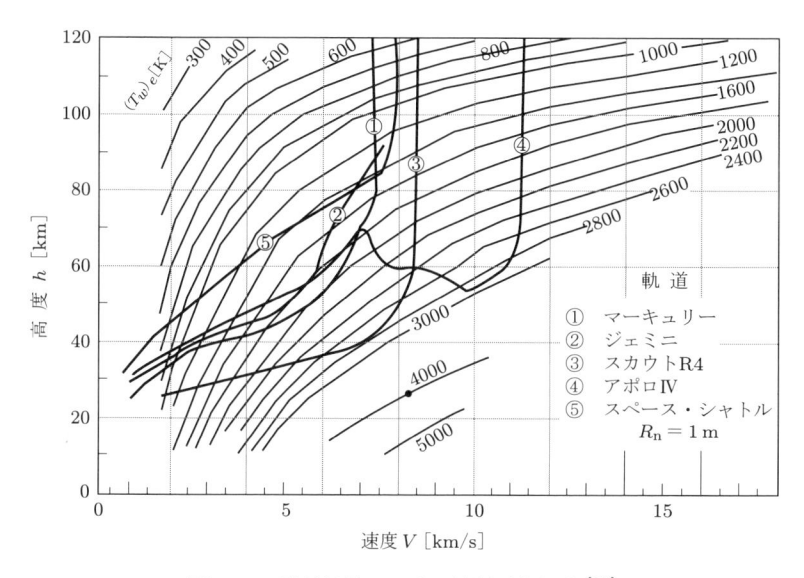

図 4.6 飛行経路における放射平衡温度 [13]

スペースシャトル・オービタ (図中の⑤) の帰還時の最高温度は約 1400°C に達している．したがって，これに耐える熱防御システム (TPS: thermal protection system) が必要となるが，それについては 4.5 節で述べる．

4.4 放射(輻射)平衡温度

宇宙往還機が軌道より大気圏に入ってくると，大気により抵抗を受け減速され，速度エネルギーを失う．たとえば，8 km/s の速度で大気圏に突入した場合，その速度エネルギーがすべて熱に変わったとすると，単位質量当たり，

$$\frac{1}{2}(8000)^2 = 3.2 \times 10^7 \left[\frac{\mathrm{m}^2}{\mathrm{s}^2} = \frac{\mathrm{N \cdot m}}{\mathrm{kg}} = \frac{\mathrm{J}}{\mathrm{kg}}\right] \tag{4.1}$$

となる．ただし，N はニュートン，J はジュールである．これだけの熱量が機体に吸収されると，どのような材料も溶解してしまう．しかし，失われた速度エネルギーがすべて機体の表面を通って吸収されるわけではない．吸収されたエネルギーと失われたエネルギーの比，すなわち，吸収比を δ とすると，

$$\delta = \frac{\dot{q}A}{DV} \tag{4.2}$$

と表される．

ここで，　$\dot{q}$：単位面積当たりの熱伝達率 [W/m²]
　　　　　A：面積 [m²]
　　　　　D：空力抵抗 [N]
　　　　　V：速度 [m/s]

したがって，DV は抵抗により失われたエネルギーである．空気抵抗 $D = C_D \rho V^2 A/2$ であるから式 (4.2) は，

$$\delta = \frac{\dot{q}}{\frac{1}{2}\rho V^3} \frac{1}{C_D} \tag{4.3}$$

となる．高度による δ の変化を図 4.7 に示す．

高度 120 km の十分高いところでは，再突入機のまわりの流れは，連続した流体でなく，1 個 1 個の粒子が不規則なまま自由に流れる自由分子流になっている．自由分子流では，流れが止められる物体表面などのよどみ点の熱伝達率 $\dot{q} = \rho V^3/2$，抵抗係数 $C_D = 2$ であるので，図 4.7 に示すように $\delta = 0.5$ となる．高度が下がってくると連続流体の流れになり，物体の前方に生じた衝撃波と物体の間の流れによる層流熱伝達によって加熱されるが，吸収比は小さくなる．さらに低空になると空気密度の増加にと

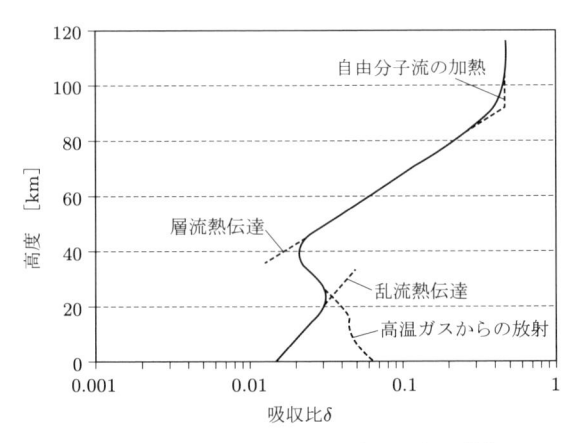

図 4.7 カプセル型再突入機の吸収比 [14]

もなってレイノルズ数が大きくなるので，流れは層流から乱流へと遷移するため吸収比は大きくなる[2]．なお，図 4.7 はジェミニのようなカプセル型の再突入機についての状況を示している．月やほかの惑星からの帰還のように，再突入速度が 11 km/s にも達すると，層流熱伝達のほかに衝撃波の後ろの高温ガスからの放射 (輻射) による機体の加熱が無視できなくなり，同図の破線のように吸収率は大きくなる．

実際に機体に伝達される熱量は，速度エネルギー損失と吸収比との積になる．図 4.7 より主要な減速が行われるのは高度 90 km から 40 km までの層流領域であるので，機体内に伝達される熱量としては層流熱伝達を考える．カプセル型の再突入機ではよどみ点での加熱が最も厳しい．そこにおける層流熱伝達率 $\dot{q}_0$ は，d をカプセルの直径 [m] として，

$$\dot{q}_0 = 3\sqrt{\frac{\mu}{\rho a d}}\frac{1}{2}\rho V^3 \tag{4.4}$$

と与えられる．

ここで，　μ：粘性係数 [kg/m·s]

　　　　　a：音速 [m/s] は衝撃波上流の一様流の値

一方，表面温度 T_w のカプセル表面から放射される熱量は，

$$\dot{q}_R = \varepsilon \sigma T_w{}^4 \tag{4.5}$$

である．

ここで，　σ：ステファン–ボルツマン定数

　　　　　ε：放射率

さて，ある温度 $(T_w)_e$ ではよどみ点における加熱量 $\dot{q}_0$ と，放射熱 $\dot{q}_R$ が等しくなる．このとき，加熱量 $\dot{q}_0$ はすべて放射熱 $\dot{q}_R$ で放出され，内部には熱は伝達されない．この温度 $(T_w)_e$ を放射 (輻射) 平衡温度 (radiation equilibrium temperature) という．高度および飛行速度により放射平衡温度がどのように変化するか図 4.6 に示している．図には各種再突入機の軌道も示している．これによって再突入機がどれくらいの温度まで加熱されるか知ることができる．実際にどの程度の放射平衡温度になるかは，例題にて概算してみよう．

---

[2] 翼表面の流体粒子が表面に平行して流れるような流れを層流 (laminar flow) といい，流体粒子が互いに入り乱れて不規則に混合しながら進んで行く流れを乱流 (turbulent flow) という．

●例題 4.1●
　カプセル型往還機が再突入する際の速度 6 km/s，高度 60 km における放射平衡温度 T_w を求めよ．ただし，カプセルの直径は 2 m，表面材料はシリコンとし，その放射率は図 2.6 より求めること．

解　表 2.1 より，高度 60 km における密度，音速，および動粘性係数は，次のとおりである．

$$\rho = 3.09 \times 10^{-4} \text{ kg/m}^3$$
$$a = 315 \text{ m/s}$$
$$\nu = \mu/\rho = 5.11 \times 10^{-2} \text{ m}^2/\text{s}$$

したがって，式 (4.4) より，層流熱伝達量は，

$$\dot{q}_0 = 3 \times \sqrt{\frac{\mu}{\rho a d}} \frac{1}{2} \rho V^3 = 3 \times \sqrt{\frac{\nu}{a d}} \frac{1}{2} \rho V^3$$
$$= 3 \times \sqrt{\frac{5.11 \times 10^{-2}}{315 \times 2.0}} \frac{1}{2} \times 3.09 \times 10^{-4} \times 6000^3$$
$$= 9.016 \times 10^5 \text{ kg/s}^3$$

一方，シリコンの放射率は図 2.6 より，$\varepsilon = 0.72$ であるから，放射放熱の式 (4.5) より，

$$\dot{q}_R = \varepsilon \sigma T_w^4 = 0.72 \times 5.67 \times 10^{-8} \times T_w^4 = 4.082 \times 10^{-8} T_w^4 \text{ kg/s}^3$$
$$\dot{q}_0 = \dot{q}_R$$

とおいて，

$$9.016 \times 10^5 \text{ kg/s}^3 = 4.082 \times 10^{-8} T_w^4 \text{ kg/s}^3$$
$$T_w = 2167.9 \text{ K}$$

となる．

4.5　熱防御システム

　再突入機が大気圏に入ってくると，前述のように大きな空力加熱を受ける．乗員や機材を安全に地上に回収するためには，十分熱防御を考慮しなければならない．図 4.8 に示すように，そのおもな方法は (a) 吸収法，(b) アブレーション，(c) 放射冷却，(d) 強制冷却の四つである．

① 吸収法 (heat sink)

　　　ミサイルの再突入のように，短時間に強い加熱を受けるが，全体の加熱量はそれほど大きくない場合に用いられる．図 4.8 (a) に示すように，熱を熱容量

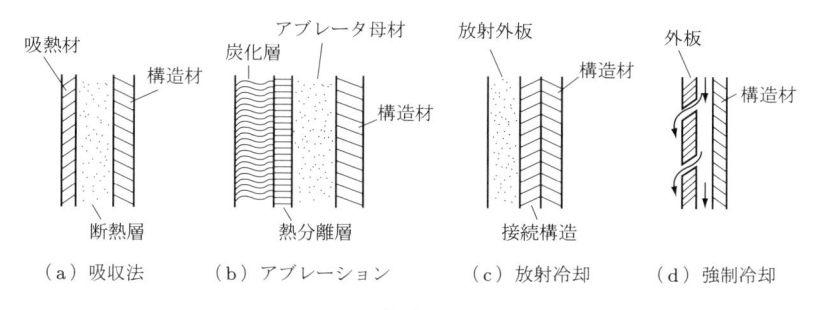

図 4.8 各種の熱防御法

の大きい吸熱材で吸収し，本体との間に断熱材をはさむという単純な構造である．吸熱材としては，比熱の大きいこと，融点の高いこと，熱伝導率の大きいことが要求される．初期の宇宙船マーキュリーカプセルではベリリウム (Be) が使われた．

② **アブレーション (ablation)**

　強い加熱を長時間受ける場合，樹脂を主成分とする複合材 (アブレータ) で表面を被覆する．空力加熱を受けると表面の樹脂は熱分解を起こしガス化し，多孔質の炭化層となる．このガスは気化熱を奪われるため外側の気流温度に比べて低温であり，壁面への熱伝達を著しく少なくする．熱は炭化層の内側の熱分離層に伝わりガスと液体を発生させる．発生したガスは (液体も結局はガスとなる) 炭化層の孔を通って排出される．複合材の表面は外側より徐々に炭化していくが，加熱期間中にこの炭化層が構造材に達しないよう設計される．炭化層の表面は 2000 K にも達するので，表面から外部への放射伝熱効果もきわめて高く，比較的良好な熱防御方法である．

　炭化アブレータとしては，おもにフェノール，シリコン，エポキシなどの樹脂が用いられ，亀裂防止と融解熱を上げるため，ガラス，シリカなどの繊維が混入される．アポロ宇宙船の熱防御システムを図 4.9 に示す．

③ **放射冷却 (radiation cooling)**

　比較的弱い加熱を長時間受ける場合には，図 4.8 (c) のように，耐熱性の高い材料を表面 (放射外板とよぶ) に用いて表面温度を高温に保って，その表面から放射により熱を逃がす方法が有効である．このとき，表面温度は空力加熱率と放射放熱率が等しくなる放射平衡温度に達する．したがって，放射外板は最大加熱時の放射平衡温度に耐えるものでなければならない．この方法では，材料の変質や損耗はないのでそのまま再使用することができる．図 4.10 のスペースシャトル・オービタの耐熱タイルはこの例である．

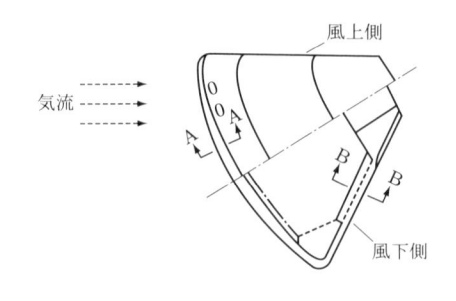

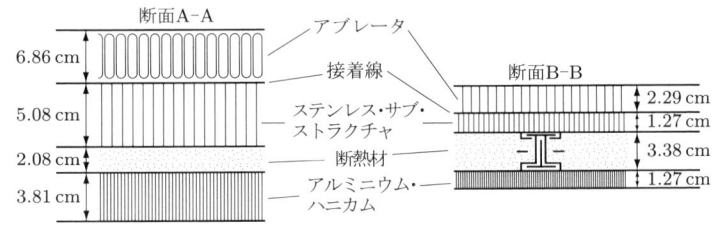

図 4.9 アポロ4号の耐熱構造 [15]

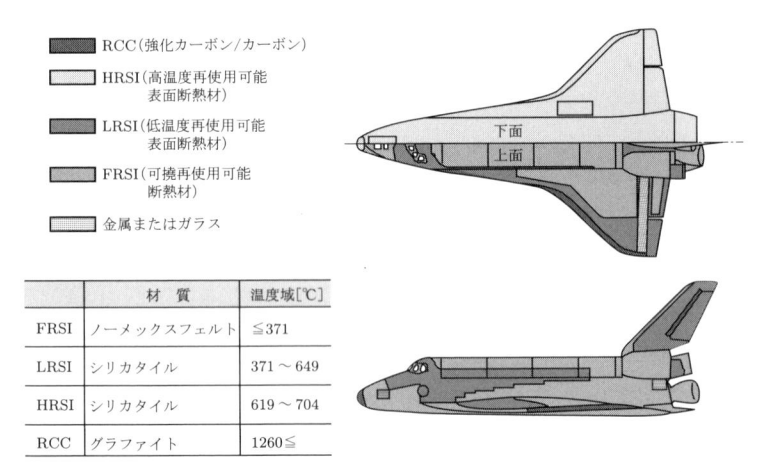

図 4.10 スペースシャトル・オービタの熱防御システム [16]

④ 強制冷却 (forced cooling)

　受熱壁面に小孔をあけ，そこから冷却剤を流出させて表面を低温気体の層で覆う薄膜冷却法 (film cooling)，多孔質の壁から冷却剤をにじみださせる冷却法 (transpiration cooling) などがある (図 4.8(d))．この方法は，異常に高い加熱を受ける場合に有効であるが，冷却剤の供給方法が複雑であるのと，冷却剤を別途もって行かなければならないため，再突入機に実用されている例はない．

4.6 再突入軌道

　地球からの脱出速度，あるいはそれ以上の速度で突入してくる宇宙船を考える．速度が大きいので，減速度および空力加熱は厳しいものになる．図 4.11 に示すように，目標は，大気による減速のない軌道で，地球からの距離が r_p の近地点を通過するよう定める．

　この軌道に大気による減速が加わるので，r_p が大きいと大気の上層部をかすめるだけで，大した減速が行われず，再び地球引力圏外に飛び去ってしまう．また，r_p が小さ過ぎると非常に大きな減速と加熱を受け，宇宙船が破壊されてしまう．r_p の大きいほうの限界を r_{po}，r_p の小さいほうの限界を r_{pu} とする．その二つの軌道の間を突入回廊 (entry corridor) といい，$(r_{po} - r_{pu})$ を回廊幅という．回廊幅は，弾道係数，揚抗比[3]とその制御法，減速度，および空力加熱の制限値などによって変化する．揚抗比が大きくなると回廊幅は増加するが，いずれにしろ数十 km のオーダーであり，きわめて高精度で制御しなければならない．

　再突入機は軌道離脱の初期段階を経て，大気圏への再突入軌道に入る．これについては図 4.4 に示したが，実際の滑空型の再突入機は，だいたいこのような経路を通っている．

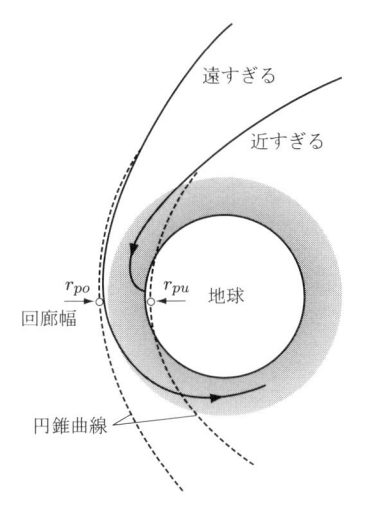

図 4.11　突入回廊

---

3) 弾道係数 $= \dfrac{m}{C_D A}$ （m：宇宙船の質量，C_D：抵抗係数，A：宇宙船の基準面積）

　　揚抗比 $= \dfrac{C_L}{C_D}$ （C_L：揚力係数，C_D：抵抗係数）

4.7 推進システム

スペースシャトル・オービタは軌道投入用の小型エンジンを有しているが，基本的には打ち上げはロケットによる．水平離陸方式の宇宙往還機は，上昇時の推力を空気吸込み式エンジン (air breathing engine) により発生しなければならない．しかし，広い速度範囲と高度に対応できるエンジンは存在せず，いまのところ各種エンジンを組みあわせて使用することになる．このようなエンジンとしては，ターボジェット，ラムジェット，スクラムジェット，およびエアターボラムジェットなどがある．これらのエンジンはその速度範囲により，図 4.12 に示すように，その性能は大きく異なる．図の縦軸は比推力で単位燃料流量 (重量流量) 当たりの推力であり，エンジン性能の指標となる．入口全温 T_{to} は，流れがエンジン入口でせきとめられたときに出現する温度 (全温) で，マッハ数とともに急激に高くなる．

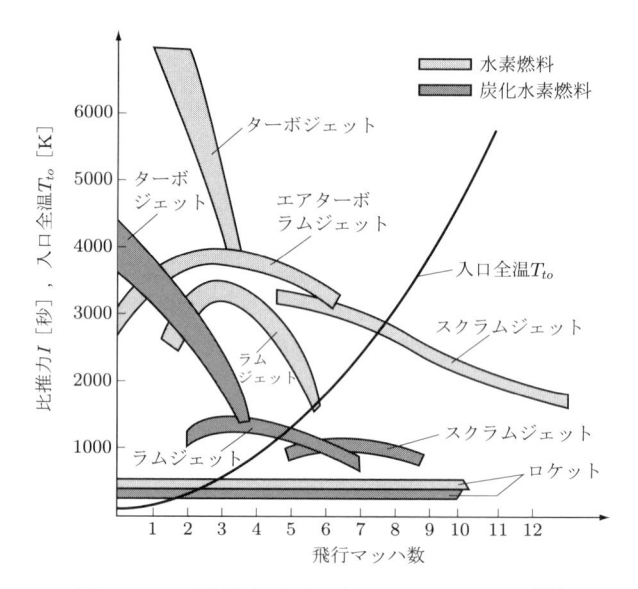

図 4.12 各種空気吸込み式エンジンの比推力 [17]

ターボジェットエンジンはマッハ数 2～3 まで，ラムジェットエンジンはマッハ数 2～6 まで，それ以上のマッハ数では超音速燃焼のスクラムジェットが適していることがわかる．また，低マッハ数ではターボジェットとして，高マッハ数ではラムジェットとして作動するエアターボラムジェットエンジンも，広いマッハ数範囲でよい性能をもっている．図には炭化水素燃料 (ケロシンなど) と水素を燃料にした場合の性能を示しているが，単位質量当たりの発熱量の大きい水素のほうが高性能である．

宇宙往還機の上昇軌道に沿った最適のエンジンを選択すると，図 4.13 のようにな

る．ラムジェットエンジンは低速では作動できないため，低速領域をターボジェットで，その後，ラムジェットからスクラムジェットへと組みあわせる方法，およびエアターボラムジェットからロケットへと組みあわせる方法などが考えられる．

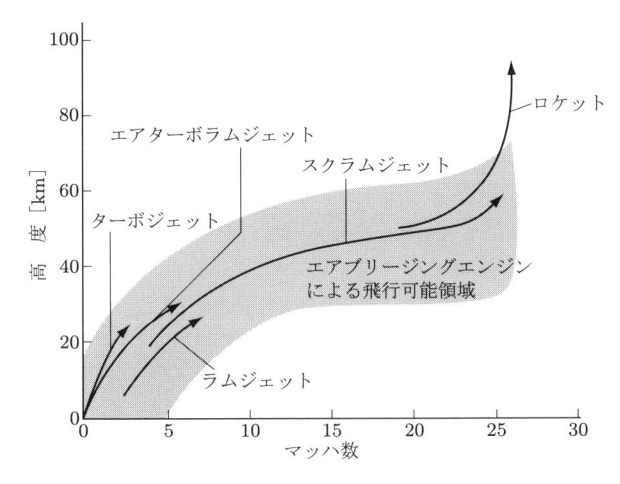

図 4.13 飛行軌道に沿ったエンジンの適用性

■ ■ ■ 演習問題 ■ ■ ■

4.1 例題 4.1 と同様，速度 6 km/s で再突入するカプセルの高度 60 km における吸収比 δ の値を求めよ．ただし，カプセルの抵抗係数 C_D は 0.5 とする．

4.2 熱防御システムの方法を四つ挙げよ．また，それぞれの特徴も答えよ．

コラム｜スペースシャトルの問題点

　1981 年，希望をもって運用に入ったスペースシャトルであったが，2 度の事故を起こし，運航費の高騰もあいまって，その評判がかんばしくない．ここで，その問題点を検討してみる．

　まず検討しなければならないのは，スペースシャトルに翼は必然のものであったのかということである．翼は打ち上げには必要でなく，宇宙に行ってしまえば，無用の長物である．再突入の際，多少の揚力を稼ぐが，超高速では翼でなくても揚力は発生することを考えれば，最後の 15 分のみ有効ということになる．シャトルの宇宙からの帰還が，飛行というより落下であることを考えると，パラシュートという案もあったのではないか．

次に，再突入の際に重要な役目をはたす翼下面が，打ち上げ時にも軌道上でも保護されていない．打ち上げ時には，外部タンクから剥離した氷により損傷する危険性があり，軌道上ではデブリとの衝突の危険がある．アポロやソユーズの宇宙船は帰還直前まで機械船などにより保護されていて，これらの危険を有効に回避していたのは，すぐれた設計コンセプトというべきであろう．

　ブースターが固体ロケットであるということも問題である．固体ロケットは，一度点火したらそれを中断する方法がない．スペースシャトルの乗員には，固体ロケットが燃焼中の2分間は緊急脱出の手段がないわけで，安全性を軽視した設計といわざるをえない．同じ機体で，人間も貨物も運ぼうとしたことが，本来もっと簡単であるべき実験機器に不必要なほどの安全設計が要求され，コストアップの原因となった．

　再使用型宇宙往還機をめざして開発されたわけだが，外部タンクは使い捨て，ブースターは海上回収の後再使用，オービタのみ再点検後再使用と三つの異なったシステムをあつかうため，運用コストは当初計画したようには下がらなかった．人間も貨物も運ぶというのは，そもそもシャトル開発の目的であり，そのおかげでここ20数年間唯一の有人宇宙実験手段であったことは評価しなければならないが，使い捨てロケットにカプセルによる回収というアポロ計画の技術遺産を簡単に捨てすぎたのかもしれない．

5 ロケット

　地球から遠く離れた宇宙空間に人間や物を送ることができる輸送手段は，ロケットのみである．ロケットは，燃料のほかに酸化剤も自身でもっているため，酸素のない宇宙空間でも航行できるのである．普通，ロケットというとロケットエンジンを作動させて飛行する機体をさすが，ロケットエンジンそのものをさすこともある．本章では，エンジンについても記述するが，主としてロケット機体の構造，性能，および飛行方式について述べる．

H-ⅡAロケット

5.1 ロケットとはなにか

　ロケットについて述べるときにまず触れなければならないことは，機体中に占める推進薬(燃料と酸化剤)の割合についてである．図5.1に示すように，ロケットの全質量中に占める推進薬の割合は，ほかの輸送機関に比べて格段に高く，およそ90%に達している．これは後に述べるように宇宙に行く速度を得るために必然の要求であるが，これらの推進薬をほぼ瞬時といっていい短時間に消費してしまうこともまた大きな特

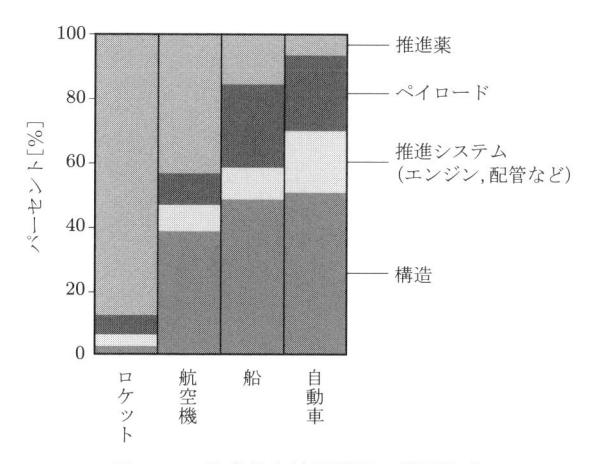

図 5.1 代表的な輸送機関の質量構成

徴である．たとえば，われわれが日常的に使用する自動車と比べてみると，燃料の搭載量が90%を超える車などは想像外であろう．燃料運搬車でもこれほどの燃料を積んでいるわけではない．

ロケットをエネルギーの観点から眺めてみる．まず，推進薬のもつ化学エネルギーが，燃焼室において化学反応(燃焼)した結果，解放されて熱エネルギーに変わる．この熱エネルギーを消費することにより，推進薬(ガス)は空気力学的に加速されて運動エネルギーを得る．この運動エネルギーの反作用として，ロケット機体は推力を受け，たとえば，地表ゼロ速度より加速され，軌道に到達して最終的に軌道エネルギーを獲得することになる．軌道エネルギーの中身は，位置のエネルギー ＋ 速度エネルギーである．

5.2 ロケットの基礎式

5.2.1 ロケットの推力

ロケットの推力の発生は運動量理論から導かれ[1])，次のように表される．

$$F = \dot{m}v_2 + (p_2 - p_3)A_2 \tag{5.1}$$

ここで，$\dot{m}$: ロケットエンジンから排出される推進薬の質量流量 [kg/s]

v_2 : ノズル出口の排出速度 [m/s]

p_2 : ノズル出口の圧力 [Pa (パスカル)]

p_3 : 大気圧 [Pa (パスカル)]

A_2 : ノズル出口面積 [m^2]

---

1) ロケット推進の原理を運動量理論より説明する．図5.2のように，物体(ロケット)から離れた検査面 (control surface) A_1, A_3 をとる．流れは面に垂直，流速は面内で一様とする．物体が流体から受ける力 F は，検査面間の運動量の時間的変化と両面の圧力差の和となる．運動量を M，断面積を A，圧力を p で表すと，

$$F = \int_{A3} dM - \int_{A1} dM + \int_{A3} pdA - \int_{A1} pdA \tag{1}$$

となる．この運動量の関係式をロケットに適用してみよう．流入，流出する流体の質量を m，速度を v とし，ノズル出口面積を A_2 とすると，

$$F = (\dot{m}_3 v_3 + \dot{m}_2 v_2) - \dot{m}_1 v_1 + [p_3(A_3 - A_2) + p_2 A_2] - p_1 A_1$$

となり，A_2 以外の面積では，

$$\dot{m}_3 v_3 = \dot{m}_1 v_1, \qquad p_3 A_3 = p_1 A_1$$

であるから，F は次のようになる．

$$F = \dot{m}_2 v_2 + A_2(p_2 - p_3) \tag{2}$$

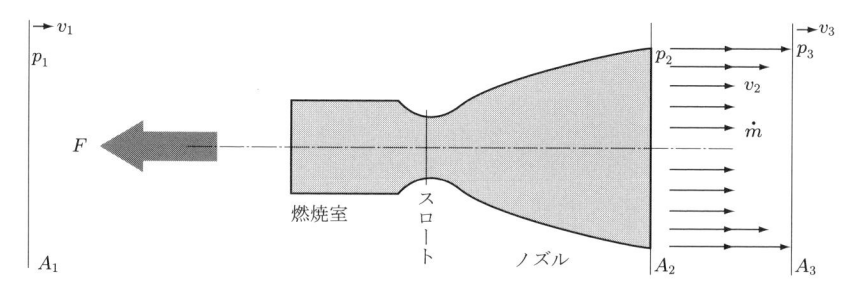

図 5.2 ロケット推力発生原理

推力の単位は N (ニュートン) である (図 5.2 参照).

式 (5.1) の第 1 項は運動量による推力, 第 2 項は圧力による推力である. ロケットが上昇していっても第 1 項の運動量による推力は変わらないが, 第 2 項の圧力による推力は外気圧の減少とともに増大していくため, 全体では高度とともに推力が増大していく. 図 5.3 に, H-I ロケット第 1 段エンジンを例にとって, その変化を示す.

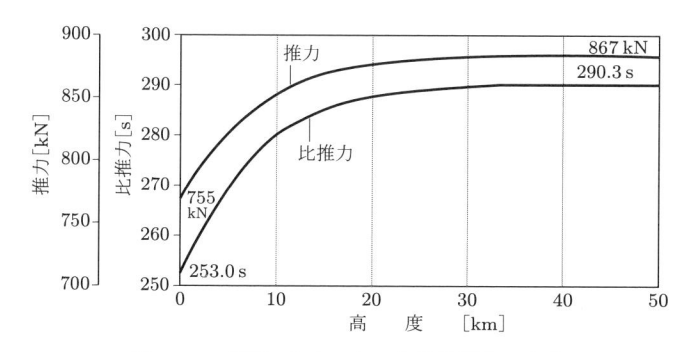

図 5.3 高度によるロケット推進性能の変化

5.2.2 比推力

つぎに, ロケットの性能を表す基本的パラメーターである比推力 $I_{\rm sp}$ を以下の式で定義する.

$$I_{\rm sp} = \frac{F}{\dot{m}g_0} \tag{5.2}$$

ここで, g_0：分母の重量単位への換算係数で 9.80 m/s^2

比推力は単位重量流量当たりの推力を表し, この値の大きいほうが高性能エンジンということになる. 上式の分子の単位は N, 分母の単位は N/s であるから, 比推力の単位は s (秒) となる. 比推力は現用の固体ロケットで 250〜290 s, 液体ロケットで 260 s 以上, とくに液体酸素と液体水素とを組みあわせたものは, 430〜450 s と高性能である.

式 (5.2) に式 (5.1) の F を代入すると，

$$I_{\mathrm{sp}} = \frac{F}{\dot{m}g_0} = \frac{\dot{m}v_2 + (p_2 - p_3)A_2}{\dot{m}g_0} = \frac{v_e}{g_0} \tag{5.3}$$

と表される．ここで v_e は有効排気速度といい，次式で定義される．

$$v_e = v_2 + \frac{(p_2 - p_3)A_2}{\dot{m}} \tag{5.4}$$

有効排気速度は，圧力項をふくんだ排気速度となるので，これを用いると推力は，次のように簡略化された表現となる．

$$F = \dot{m}v_e \tag{5.5}$$

●例題 5.1 ●

ロケットエンジンのノズル出口での諸量が，次のように与えられるとき，海面上および高度 25 km での推力 F，有効排気速度 v_e，比推力 I_{sp} を求めよ．ただし，海面上および高度 25 km での気圧は，それぞれ $p_3 = 0.1013$ MPa, $p_3 = 0.0025$ MPa である．

ノズル出口諸量は次のとおりである．

$v_2 = 2648.5$ m/s, $\dot{m} = 300$ kg/s, $p_2 = 0.1013$ MPa, $A_2 = 0.6213$ m^2

解 海面上推力は，

$$\begin{aligned}F_{\mathrm{sealevel}} &= \dot{m}v_2 + (p_2 - p_3)A_2 \\ &= 300 \times 2648.5 + (0.1013 - 0.1013) \times 10^6 \times 0.6213 = 794.5 \text{ kN}\end{aligned}$$

である．同様に，高度 25 km における推力は，

$$F_{\mathrm{vacuum}} = 300 \times 2648.5 + (0.1013 - 0.0025) \times 10^6 \times 0.6213 = 855.9 \text{ kN}$$

となり，上空において推力が増大していることがわかる．
海面上有効排気速度は，

$$v_{e\mathrm{sealevel}} = v_2 + \frac{(p_2 - p_3)A_2}{\dot{m}} = 2648.5 + 0 = 2648.5 \text{ m/s}$$

である．同様に，高度 25 km における有効排気速度は，

$$v_{e\mathrm{vacuum}} = 2648.5 + \frac{(0.1013 - 0.0025) \times 10^6 \times 0.6213}{300} = 2853.1 \text{ m/s}$$

である．海面上比推力は，

$$I_{\mathrm{sp}} = \frac{F}{\dot{m}g} = \frac{794.5 \times 10^3}{300 \times 9.80} = 270.2 \text{ s}$$

であり，高度 25 km における比推力

$$I_\mathrm{sp} = \frac{855.9 \times 10^3}{300 \times 9.80} = 291.1 \text{ s}$$

である．このように，高度 25 km の上空では性能が約 7.7%向上している．

5.2.3 質量比

ロケット機体の性能は，以下で定義する質量比 (MR: mass ratio) で表される．

$$\mathrm{MR} = \frac{m_f}{m_0} \tag{5.6}$$

ここで，　m_0：エンジン点火前のロケット機体の全質量
　　　　　m_f：エンジンカット後のロケット機体の全質量

この質量比は，ロケットの構造上の性能を表す．全体のなかで推進薬量を多く搭載できる機体は，エンジンカット後の質量が小さくなるため，質量比の小さい機体がロケットとして高性能ということになる．ほかの書籍では，質量比の分母，分子を逆に定義してあるものもあるが，ここでは，式 (5.6) の定義を用いることとする．

5.3 ロケットの性能

ロケットのエンジン，機体をふくめた全体の性能は，エンジン点火からカットまでの間にロケット自身が得られる速度増分 ΔV で表すことができる．この速度増分を表す式は，20 世紀はじめにロシアのツオルコフスキー (Tsiolkovsky) により導かれていて，空気抵抗および重力の影響を無視すると，次のように表される．

$$\Delta V = I_\mathrm{sp} g_0 \ln \frac{m_0}{m_f} = I_\mathrm{sp} g_0 \ln \frac{1}{\mathrm{MR}} \tag{5.7}$$

この式は，ロケットの性能が，二つの基本パラメータで表されることを示している．すなわち，ひとつはエンジン性能を表す比推力，もうひとつは機体の性能を表す質量比である．ただし，実際にロケットが獲得できる速度増分は，地球の重力による損失と空気抵抗のため，式 (5.7) で計算される値より小さくなる．たとえば，H-Ⅰ ロケットで高度約 200 km の低高度に人工衛星を打ち上げるときには，約 20 % の速度損失を生じている．

5.4 多段ロケット

現在の技術で得られる比推力および質量比では，単段ロケットで人工衛星を打ち上げることはできない．そこでロケットを多段として，燃え尽きて不要になった段を次々と切り離していき，ロケット全体の質量比を小さくしていく手法が考えられた．この場合のロケット全体の速度増分 ΔV_f は，各段の速度増分の和となり，

$$\Delta V_f = \Delta V_1 + \Delta V_2 + \Delta V_3 + \cdots \tag{5.8}$$

となる．再び空気抵抗と重力の影響を無視すれば，式 (5.8) は，

$$\Delta V_f = I_{sp1}g_0 \ln \frac{1}{\mathrm{MR}_1} + I_{sp2}g_0 \ln \frac{1}{\mathrm{MR}_2} + I_{sp3}g_0 \ln \frac{1}{\mathrm{MR}_3} + \cdots \tag{5.9}$$

となる．低高度の人工衛星速度 (約 7.8 km/s) や地球脱出速度 (約 11.0 km/s) は，このようにして得られる．具体的な数値は，例題にて求める．

●例題 5.2 ●

以下の 2 段式ロケットの最終速度を求めよ．ただし空気抵抗と重力の影響は無視するものとする．

条件：第 1 段質量 $m_1 = 98000$ kg, 第 1 段推進薬量 $m_{p1} = 80000$ kg, 第 1 段エンジン $I_{\mathrm{sp}1} = 260$ s, 第 2 段質量 $m_2 = 39000$ kg, 第 2 段推進薬量 $m_{p2} = 32000$ kg, 第 2 段エンジン $I_{\mathrm{sp}2} = 440$ s, ペイロード (人工衛星) 質量 $m_{\mathrm{pl}} = 3000$ kg

解 第 1 段エンジン点火前のこのロケット機体の全質量 $= 98000 + 39000 + 3000$
$= 140000$ kg
第 1 段エンジンカット後のロケット機体の全質量 $= 140000 - 80000 = 60000$ kg
したがって，第 1 段のこのロケットの質量比 $\mathrm{MR}_1 = \dfrac{60000}{140000} = 0.4285$
ロケットは第 1 段機体を切り離すので，
第 2 段エンジン点火前の第 2 段ロケット機体の全質量 $= 39000 + 3000 = 42000$ kg
第 2 段エンジンカット後の第 2 段ロケット機体の全質量 $= 42000 - 32000 = 10000$ kg
したがって，第 2 段のロケットの質量比 $\mathrm{MR}_2 = \dfrac{10000}{42000} = 0.2380$
このロケットの最終速度は，式 (5.9) より

$$\Delta V_f = I_{\mathrm{sp}1}g_0 \ln \frac{1}{\mathrm{MR}_1} + I_{\mathrm{sp}2}g_0 \ln \frac{1}{\mathrm{MR}_2}$$
$$= 260 \times 9.80 \times \ln \frac{1}{0.4285} + 440 \times 9.80 \times \ln \frac{1}{0.2380} = 8349.1 \text{ m/s}$$

となり，この 2 段式ロケットは低高度の人工衛星速度を超えているが，実際には空気抵抗と重力による速度損失が 2～3 km/s あるので，軌道到達は難しい．

5.5 ロケットの構造

ロケットの構造は，飛行中の荷重に十分耐えられるだけではなく，地上運搬中の荷重(ときには飛行中よりも大きいことがある)にも耐えられる強度と剛性をもつ必要がある．また，強度の要求を満足しつつ，できるかぎり軽量でなければならない．それは，前節で説明したように，全質量中に占める推進薬の質量比がロケットの獲得する速度に決定的に影響するためである．現用の大型ロケットは，全質量の90%前後推進薬を積み込めるものとなっている．ロケット各段はその目的・用途(離陸用か，軌道投入用かなど)に応じて，性能，製造コスト，信頼性などを考慮して構造設計が行われる．構造質量の軽減によって得られる速度の向上は，上段ロケットのほうが顕著であるので，第1段より第2段，第3段の質量軽減によりつとめることになる．

以下に，図5.4に示したH-Iロケット第2段推進システムを例にとって，ロケット構造を説明する．

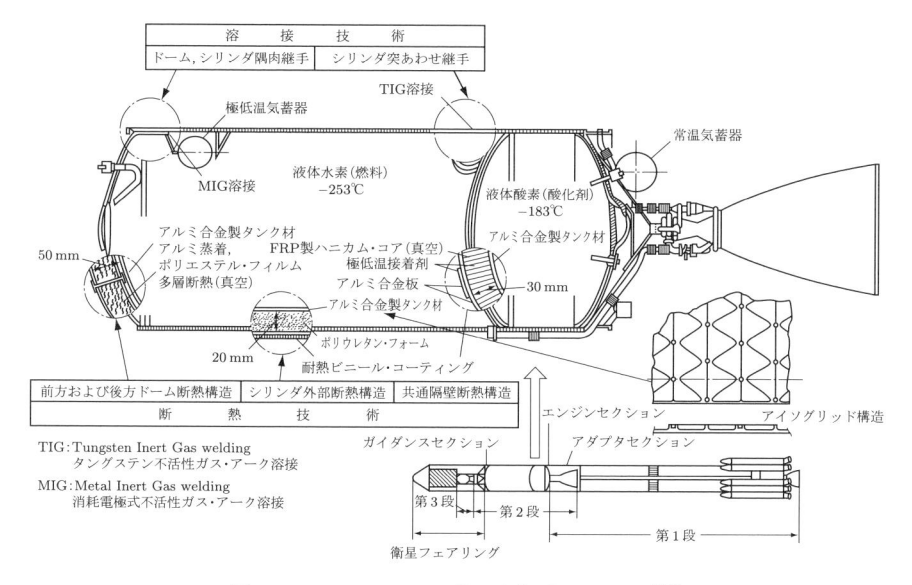

図 5.4 H-Iロケット第2段推進システム[18]

燃料タンクと酸化剤タンクはアルミ合金製で，タンク円筒部がロケット機体の外板を兼ねるインテグラル・タンクとなっており，ドーム部は溶接により円筒部に結合されている．円筒部の内面は，厚板からケミカルミーリングにより三角形の格子状(アイソグリッド)に削られる．推進薬タンクは，アルミ合金製一体型タンクで，上方の燃料タンクと下方の酸化剤タンクは，共通隔壁(common bulkhead)によって仕切られ

ている．この隔壁は，上方タンク後方鏡板と下方タンク前方鏡板との間にFRP (fiber reinforced plastics) でできた蜂の巣状のハニカム・コアをはさんで図のようにつくられる．タンク円筒部はアイソグリッド構造になっており，その外壁は厚さ約20 mmのポリウレタンフォームを吹き付け，耐熱ビニールコーテングを施した断熱構造となっている．エンジンアダプターは，円錐形状の構造体で，第2段エンジン推力を主構造(タンク)に伝える．

衛星フェアリングは，空気による抵抗および加熱，音響振動などから人工衛星を保護するもので，アルミ合金製のアイソグリッド構造でできている．衛星フェアリングは，縦割りに2分割できる構造になっており，高度約120 kmでロケット本体から分離・投棄される．

宇宙ロケットの主構造は，航空機と同じくほとんどアルミニウム合金でできているが，これはアルミニウム合金が軽量で強度・剛性が高く，安価に入手でき，かつ加工性もよいためである．エンジンや高圧気蓄器には，ニッケル合金やチタン合金が用いられることもあるが，量的にはわずかである．また最近，軽量で強度が高いことにより，複合材料が使われるようになってきた．

5.6 推進システム

5.6.1 固体ロケット

固体ロケットは，固体推進剤を使用するロケットで，古くは元代の中国で使われている．液体ロケットの推進機関はロケットエンジンとよばれているのに対して，固体ロケットはロケットモータとよばれることが多い．図5.5に示すように，固体ロケットは推進剤タンク兼燃焼室(モータケース)，推進剤，モータケースと推進剤の間にある断熱材(ライナー)，ノズルおよび点火装置から構成される．

宇宙用固体ロケット推進剤としては，ポリブタジエン系コンポジットが多く使われている．典型的な組成は，過塩素酸アンモニウム68%，ブタジエン・ゴム14%，アルミニウム粉末(助燃剤)18%で，ゴム成分は燃料であるとともに固体粒子を固める結合剤(バインダー)でもある．

固体ロケットは，構造がシンプルで部品点数が少なく，温度管理以外では複雑なとりあつかいは必要ないため，推進剤を充填したままで長期間保存できる．しかも，必要の際には短時間の発射整備作業で発射できるため，軍用に使われることが多い．宇宙用でも直径数mの大型ブースターから，直径数十cmの観測ロケット，あるいは人工衛星の遠地点における静止軌道投入用モータにいたるまで，幅広く使われている．

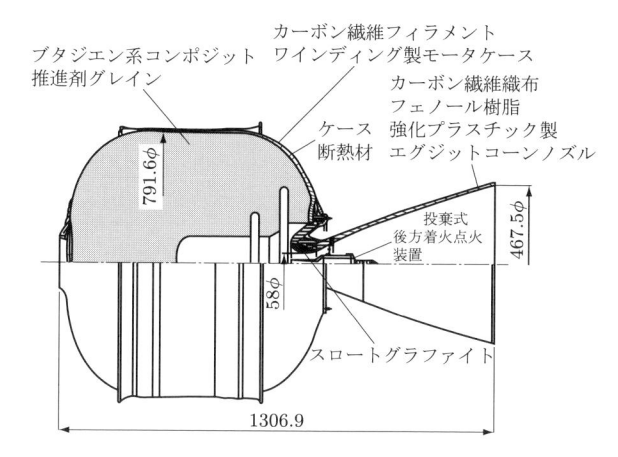

図 5.5 上段モータの設計例 (M-3SII-5 キックモータ KM-M)[19]

一方，液体ロケットに比べて一般に比推力が低く，燃焼中断や推力方向制御が難しいなどの欠点がある．

5.6.2 液体ロケット

液体推進薬を用いる液体ロケットは，固体ロケットに比べて構造が複雑で部品点数も多く，発射の際には多くの整備作業を必要とする．しかし，固体ロケットに比べて高性能であり，燃焼中断・再着火，推力方向制御が容易にできるうえに推力制御も可能であるなどの長所をもっている．さらに液体ロケットは，大型になればなるほどすぐれた質量比が得られるうえに，フライトエンジンの地上燃焼試験が可能であるため，フライト前にその性能を確認できる．液体ロケットは，これらの長所を生かして，人工衛星打ち上げ用の大型エンジンや人工衛星の軌道修正および姿勢制御用の小型ロケットなどに用いられ，宇宙活動には欠かせない存在となっている．

図 5.6 に，H-I ロケット第 2 段のエンジンである LE-5 エンジンの外観を示す．液体ロケットエンジンは，図に示すように燃焼室，ノズル，液体酸素ターボポンプ，液体水素ターボポンプ，主酸化剤弁および主燃料弁等により構成される．

図 5.7 に，この LE-5 エンジンの系統図を示す．液体酸素は酸化剤入口から液体酸素ターボポンプに入り，そこで昇圧されて主酸化剤弁を通り，インジェクタ (噴射器) にいたり，そこで主燃焼室に噴射される．液体水素は燃料入口から液体水素ターボポンプに入り，昇圧されて主燃料弁から主燃焼室外壁の溝型燃料通路に導かれて燃焼室を冷却した後，インジェクタから主燃焼室に噴射される．ターボポンプ・タービンを駆動するガスは，主酸化剤弁，主燃料弁の下流から分枝された推進薬によりガス発生器においてつくられる．ガス発生器でつくられるガスは燃料過多となっていて，温度

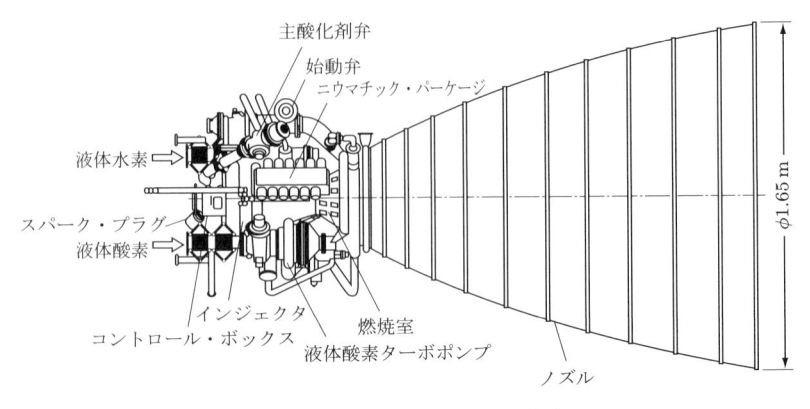

図 5.6 LE-5 エンジン外観[20]

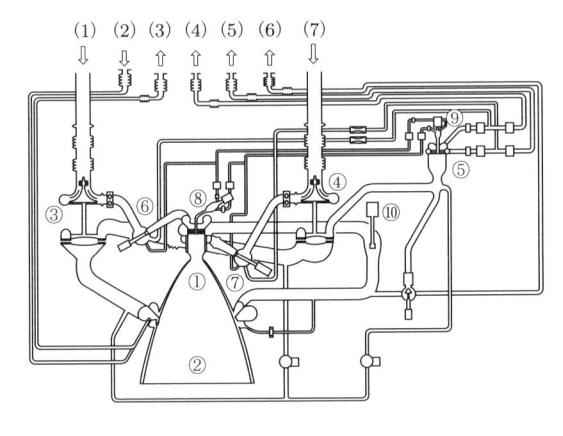

図 5.7 LE-5 エンジン系統図[21]

(1) 酸化剤入口
(2) 低温ヘリウムガス
(3) 酸化剤タンク加圧
(4) 酸化剤 ライン予冷排出
(5) 燃料ライン予冷排出
(6) 燃料タンク加圧
(7) 燃料入口
①主燃焼室
②ノズル
③液体酸素ターボポンプ
④液体水素ターボポンプ
⑤ガス発生器
⑥主酸化剤弁
⑦主燃料弁
⑧主点火器
⑨ガス発生器点火器
⑩油圧ポンプ

が840 K 程度に抑えられている．タービンは無冷却タービンを採用しているが，これは構造を簡単にし，製造コストを下げるためである．タービンを駆動したガスは低圧となっているため，ノズルの同圧部に排出される．

　液体ロケットエンジンでは，ターボポンプ駆動方法によってさまざまなサイクルがある．上に示した LE-5 エンジンは，小型ガス発生器によるガス発生器サイクルである．代表的なサイクルとしては，そのほかに 2 段燃焼サイクルやエキスパンダーサイ

クルがある．各サイクルの特徴を以下にまとめる．

(a) **ガス発生器サイクル (gas generator cycle)**

　小型ガス発生器により，タービン駆動ガスをつくる．タービン駆動後のガスを捨てるため低性能であるが，各コンポーネントがおのおの独立しているため，開発が容易である．

(b) **2段燃焼サイクル (staged combustion cycle)**

　燃料の全量を燃やす前置燃焼器 (プリバーナ) によって，タービン駆動ガスをつくる．タービン駆動後のガスには大量の未燃の燃料が残っているので，このガスを主燃焼器に噴射して燃焼させる．すべての推進薬が主燃焼室で燃やされるため高性能である．しかし，すべてのコンポーネントが連結していて，主燃焼室の圧力以上の圧力が上流側に次々に要求されるため，システム全体が高圧となり，開発がきわめて難しい．

(c) **エキスパンダーサイクル (expander cycle)**

　燃焼器を冷却してガス化した燃料 (水素ガスの例が多い) の全量をタービン駆動ガスとする．タービン駆動後のガスは主燃焼室で燃やされるため高性能である．タービン駆動ガス温度を高温にできないため，大型エンジンには適さない．

図 5.8 に，H-II ロケットの第 1 段エンジンである 2 段燃焼サイクル LE-7 エンジンの系統図を示す．

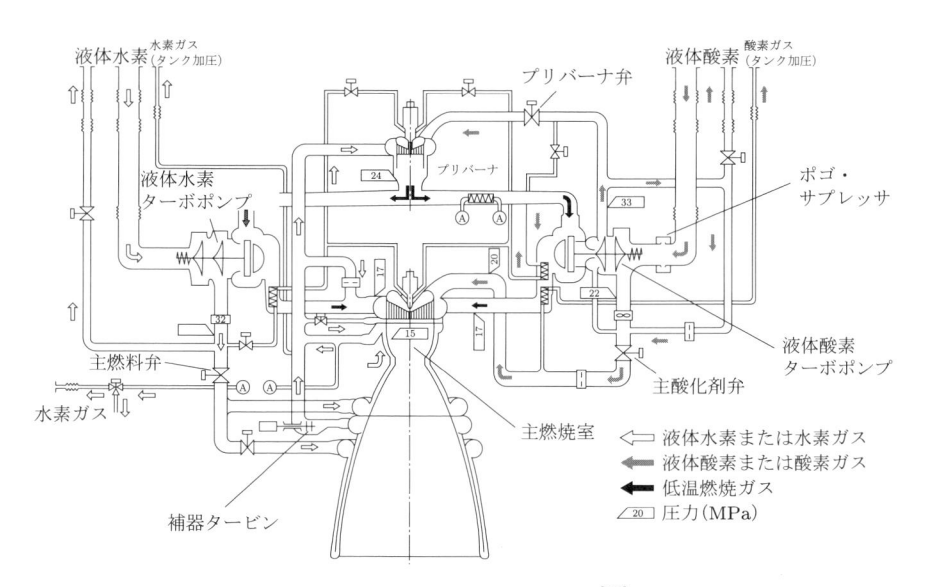

図 5.8 LE-7 エンジン系統図 [22]

液体酸素は液体酸素ターボポンプで昇圧された後，大部分はそのまま主燃焼室に噴射される．一部は後段の小型ポンプでさらに昇圧されてプリバーナに導かれ，そこで水素と反応して低温のタービン駆動ガスとなる．液体水素は液体水素ターボポンプで昇圧された後，主燃焼室およびノズルの冷却に使われ，その後，全量がプリバーナに導かれて前述の酸素により燃やされる．LE-5エンジンのガス発生器サイクルでは，一部の水素がガス発生器に導かれたが，2段燃焼サイクルでは，全量の水素がプリバーナに導かれる．タービン駆動後のプリバーナガスには，大量の未燃の水素が残っているため，すべてを主燃焼室に導き燃焼させる．このように，2段燃焼サイクルでは，水素の全量をタービン駆動ガスとして用いるため，ターボポンプの駆動馬力が向上し，ポンプの獲得圧力を大きくできる．このため，エンジンシステム全体が高圧となり，後述するように高性能エンジンとなる．

　エンジンサイクルによって性能が異なる例を図5.9に示す．図 (a) は2段燃焼サイクルとガス発生器 (GG) サイクルの比較である．燃焼圧力が2段燃焼サイクルで15.0 MPa，ガス発生器サイクルで10.0 MPaと差があるが，図 (b) で明らかなように，ガス発生器サイクルでは燃焼圧を上げても性能 (比推力 I_{sp}) が変わらず，この性能差は本質的なものである．

　また図 (b) は性能が燃焼圧力とともに上昇することを表している．LE-7エンジンは燃焼圧を15.0 MPaにしているが，スペースシャトルメインエンジン (SSME) は20.0 MPaとさらに高性能を狙っている．図5.9には，燃焼圧の低いところで作動するエキスパンダーエンジンを載せていないが，エキスパンダーエンジンの性能は，低燃焼圧でも2段燃焼サイクルエンジンに匹敵するほど高い．

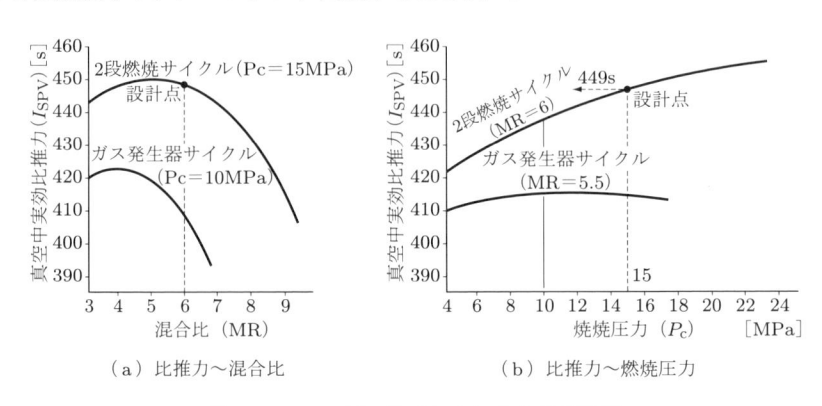

（a）比推力〜混合比

（b）比推力〜燃焼圧力

図 5.9 エンジンサイクルによる性能比較

5.6.3 液体ロケットエンジンの燃焼試験

液体ロケットエンジンは，開発のなかでさまざまな燃焼試験が行われる．そのエンジンが打ち上げ用であれば，周囲圧力が海面上大気圧でよいが，エンジンが上段で使用されるものであれば，周囲圧力を上空に合わせた高空燃焼試験設備が必要となる．ここでは，石川島播磨重工業で行われたロケット上段用液体酸素/液体水素エキスパンダーエンジンの燃焼試験について述べる．

図 5.10 は，ロケット上段の軌道投入用に開発された CUS (cryogenic upper stage) エンジンの系統図である．液体酸素は液体酸素ターボポンプにより昇圧された後，直接主燃焼室に噴射される．液体水素は液体水素ターボポンプにより昇圧された後，燃焼室の冷却に使用され，その後，全量が両ターボポンプタービンの駆動に使用される．タービン駆動後の水素は主燃焼室に導かれ，そこで燃やされ推力発生に寄与する．ガ

図 5.10 CUS エンジンの系統図 [23]

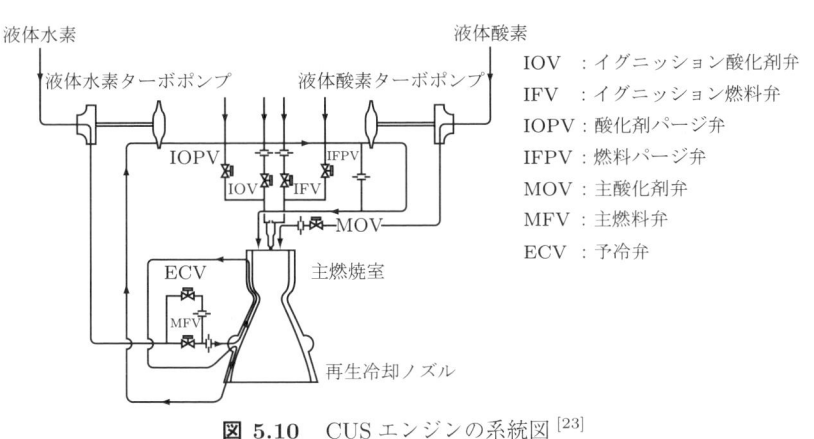

図 5.11 エンジン燃焼試験

表 5.1 CUS エンジン計測一覧表

No	計測場所	タグ名称	計測点の名称	重要度	計測精度	計測値 予想定常値	計測範囲		記録方式 PC DP PR DR
1	I/F FTP	PSF	FTP ポンプ入口圧力	A	±1%FS	6 atg	0	10	DP
2	I/F FTP	PDF	FTP ポンプ吐出圧力	A	±1%FS	75 atg	0	100	
3	供 FTP	PTIF	FTP タービン入口圧力	A	±1%FS	70 atg	0	100	
4	供 FTP	PTDF	FTP タービン出口圧力	A	±1%FS	45 atg	0	100	
5	I/F FTP	PDHF	フローティングシールタービン側圧力	B	±1.5%FS	0.2 atg	0	1	
6	I/F FTP	PDHF2	フローティングシールポンプ側圧力	B	±1.5%FS	0.4 atg	0	1	
7	I/F FTP	PBGFI3	軸受 B 入口圧力	B	±1.5%FS	8 atg	0	10	
8	I/F FTP	PWBF2	軸受 A 出口ライン圧力	B	±1.5%FS	40 atg	0	50	
9	I/F FTP	PWBF22	軸受 A 出口ライン 2 圧力	B	±1.5%FS	15 atg	0	50	
10	I/F FTP	PWBF3	軸受 B 出口ライン圧力	B	±1.5%FS	8 atg	0	10	
11	I/F FTP	PWBF32	軸受 B 出口ライン 2 圧力	B	±1.5%FS	4 atg	0	10	
⋮	⋮	⋮	⋮	⋮	⋮	⋮	⋮	⋮	⋮

(注) 1. エンジンの主要部の圧力等 (TBD) を 20〜30 ch データレコーダで記録する.
2. 単位：温度 [K], 圧力 [kg/cm^{2}G], 流量 [l/s], 回転 [rpm], 変位 [μ], 加速度 [G]

ス発生器サイクルのように，推力に寄与せずに捨てられる推進薬がないため，このエキスパンダーサイクルは高性能である．このエンジンを地上燃焼試験スタンドに装着した様子を図 5.11 に示す．開発途中の燃焼試験では，このように計測用ケーブルや小配管が縦横に走り，エンジン本体が見えなくなるほどになる．

このようなエンジン燃焼試験において，推力，推進薬流量を測るのはもちろん，表 5.1 にその一部を示すように，実に多数の計測が行われる．この例では約 100 点の計測が行われた．試験結果は，図 5.12 に示すようにグラフにまとめられ，試験結果の解析が行われる．図の例では，燃焼圧力と液体酸素ポンプおよび液体水素ポンプが何秒で立ち上がるか，または停止するかを表す起動特性および停止特性が示されている．

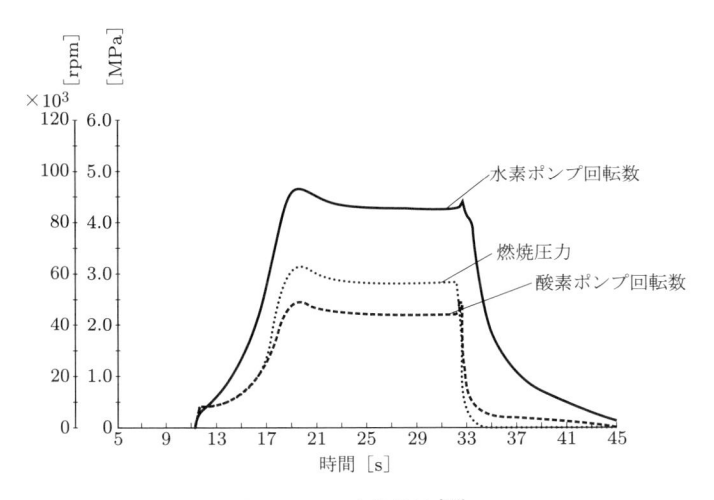

図 5.12 試験結果 [23]

5.7 ロケットの誘導・制御

　ロケットの誘導方式は，電波誘導と慣性誘導に大別される．電波誘導は，飛行中のロケットの速度と位置を地上のレーダーと計算機で追尾し，必要な指令 (機体姿勢の修正，推力の増減および中断) を地上から電波で送って，ロケットを目標まで誘導するものである．これに対し慣性誘導は，地上からの助けを一切借りずに，ロケットに搭載した誘導計算機および慣性センサなどによって誘導する方式であり，精度と運用性がよいため，現用の大型ロケットに広く採用されている．

　慣性誘導システムには，慣性センサ (ジャイロおよび加速度計) の搭載方法の違いによってプラットフォームとストラップダウンの二つの姿勢基準方式がある．

　プラットフォーム型慣性センサは，機体に対して 3 次元軸受のような機械的ジンバル機構を介してとり付けられており，常に慣性空間に対して一定の姿勢を保つように制御されている．慣性空間に対する速度と位置を求めるには，各軸の加速度計の出力をそのまま積分すればよく，計算処理が簡単である．しかし，機械的ジンバル機構は機械的滑り，遅れであるスリッピングなどがあり精密なメカニズムが要求されるうえに，ロケット打ち上げ時の大きな振動にも耐えなければならないなど課題も多い．

　一方，ストラップダウン型慣性センサは機体と一体となっており，ロケットの姿勢変化とともに慣性センサの姿勢も変化する．ロケットの姿勢を算出するには単にジャイロ出力を積分すればよいが，速度と位置を求めるためには，加速度計の出力を座標変換した後積分する必要がある．ストラップダウン方式は，機器の構成がシンプルで

部品点数も少ないため、慣性センサユニットを小型化でき、信頼性も高い．近年，ロケット搭載用コンピュータが急激な進化をとげているため，ストラップダウン方式が慣性誘導システムの主流となっている．

ロケットの制御系は，誘導指令に従って機体姿勢の修正を行う．大型液体ロケットのピッチ[2]およびヨーのコントロールは，エンジンの首振りにより行う．固体ロケットおよび固体補助ブースターも可動ノズルが実用化されている．機体軸まわりのロールコントロールには，ON/OFF方式のガスジェットや小型補助エンジンが併用される．ロケットは，このように自己の姿勢や加速度を常に把握し，瞬時に速度および位置を計算し，予定の軌道からのずれを修正しつつ飛行していく．

5.8 H-Ⅱロケット

H-Ⅱロケットは2段式ロケットで，第1段および第2段ともに液体酸素/液体水素エンジンを採用している．第1段には推力1080 kNのLE-7エンジン1基が用いられ，第2段にはLE-5エンジンを改良したLE-5Aエンジン1基が搭載されている．第1段推力増強のため大型固体補助ロケット (SRB: solid rocket booster) 2基を本体両側にとり付けている．このSRBの推力は，両方合わせて約3120 kNであり，打ち上げ初期の推力の大半を占めている．ロケットの全長は49.9 m，直径4 m，打ち上げ時の質量は人工衛星をふくめ264 tである．H-Ⅱロケットの全体構成を図5.13に，主要諸元を表5.2に示す．

液体水素をロケット第1段から用いるのは，ここ20年来のことで，初期には推進薬コストの安いケロシン系が使われることが多かった．ただし，H-Ⅱロケットのように，第1段エンジンを2段燃焼サイクルとするのは必然ではない．地上から打ち上げに使うエンジンは膨張比が低くなりがちで，それを避けるため燃焼圧の高い2段燃焼サイクルとしたわけであるが，同規模のヨーロッパのアリアンⅤはガス発生器サイクルとしている．

H-Ⅱロケットによって静止衛星を打ち上げるときのパーキング軌道からトランスファ軌道 (図5.16参照) への投入は，第2段エンジンの再着火により行う．また，H-Ⅱロケット第2段は誘導制御機能をもっているため，人工衛星の軌道投入精度が向上している．なお，誘導制御機器としては，ストラップダウン方式の慣性誘導システムを採用しており，このうち，ジャイロは最新式のリング・レーザージャイロを用いている．

衛星フェアリングは，外径4.1 mから5.1 mまで用途に応じてさまざまな形態のも

---

[2] 機体の頭部と尾部を通る軸を基準とし，この軸の頭上げ，頭下げ方向をピッチ，横方向をヨー，回軸方向をロールという．

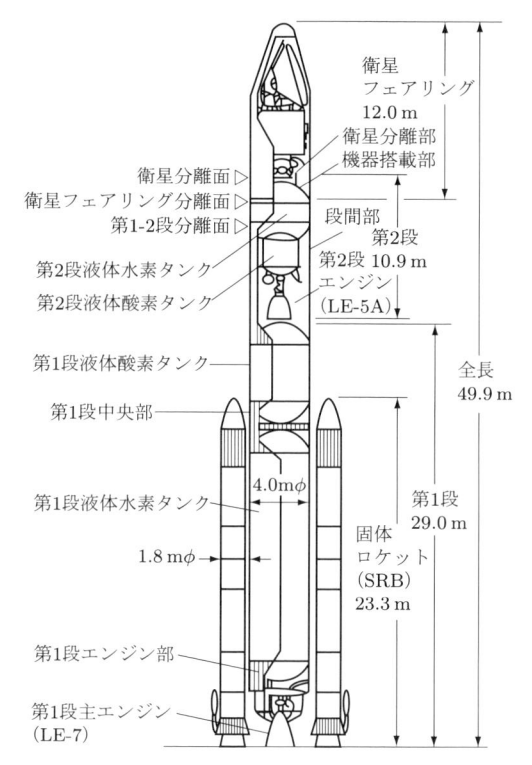

図 5.13 H-IIロケット全体図 [24]

のが開発されている．

5.9 ロケットの打ち上げ

　ロケットは前述のように，飛行途中で不要になったコンポーネントを順に切り離し，最後のペイロード(人工衛星など)を所定の軌道に乗せることによってその任務を達成する．このため，各段，各コンポーネントの分離は飛行計画どおり正確に実施しなければならない．これらのシーケンスは，機上の誘導計算機にプログラムされており，ロケットは発射台を離れる時刻(リフトオフ)をゼロとして，このプログラムの指示に従って飛行していく．

　静止衛星を打ち上げる際の手順を，H-IIロケットを例として述べる．
　① 第1段エンジン点火は，リフトオフの約6秒前となる．エンジン燃焼圧が90％になったところで補助固体ロケット(SRB：solid rocket booster)点火信号が出る．
　② 点火信号を受けてSRBに点火される．

表 5.2　H-IIロケットの主要諸元[24]

全段主要諸元	
全 長 [m]	49.9
外 径 [m]	4.0(コア機体)
打ち上げ時総質量 [t]	264
衛星質量:GTO[*1][t]	3.8
誘導方式	慣性誘導(ストラップダウン)
衛星フェアリング	全長 12.0 m/外径 4.1 m, 質量 1.4 t, 衛星最大直径 3.7 m

各段主要諸元			
項　目	第 1 段	SRB	第 2 段
推進薬	液体酸素/液体水素	ポリブタジエン系コンポジット (固体)	液体酸素/液体水素
平均推力 [kN]	843(海面上) 1080(真空中)	1560 × 2 基 (海面上)	122(真空中)
比推力 [s]	445(真空中)	273(真空中)	452(真空中)
燃焼時間 [s]	348	94	590
全備/推進薬・質量 [t]	98.1/86.3	141/118(2 基分)	19.7/16.7
姿勢制御	・主エンジン・ジンバル ・補助エンジン (2 基)	可動ノズル	・エンジン・ジンバル ・ガスジェット
搭載電子装置	技術テレメータ送信機 (オプション)		・テレメータ送信機 ・レーダートランスポンダ (2 式) ・指令破壊受信機 (2 式)

[*1] GTO (geostationary transfer orbit)：静止トランスファ軌道

③ ロケットは発射台を離れる (リフトオフ). リフトオフ後, 約 48 秒で最大動圧になる. 動圧の大きな区間はピッチおよびヨーの迎角がゼロになるよう飛行する.

④ 1 分 33 秒後に SRB が燃焼終了となる.

⑤ 燃焼終了した SRB を 6 秒後に分離する.

⑥ 空気力および空力加熱が無視できる高度 (約 130 km) において衛星フェアリングを分離する.

⑦ 第 1 段の液体酸素タンク内底部には液位計があり, この液位計が液面を検知したときから所定の時間後に第 1 段エンジンを停止する. このため, 第 1 段の推進薬はほぼ全量消費することになる. リフトオフから約 5 分 45 秒となる.

⑧ 第 1 段エンジン燃焼終了後約 10 秒で第 1 段を分離する. この時点でロケットはまだ軌道速度に到達していないため, 第 1 段は SRB やフェアリング同様あらかじめ定められた公海上に落下する.

⑨ 第 2 段エンジンは 6 分 02 秒後に第 1 回目の燃焼を開始する. 第 2 段エンジンは燃焼を数回くり返すことができる能力をもっている. ここでは, 高度 254 km の円軌道に投入できる速度 (7.8 km/s) に達するまで燃焼を継続する.

⑩ 約 12 分 45 秒後に第 2 段エンジンの第 1 回目の燃焼停止となる. このとき, ロケットは 7.8 km/s の軌道速度に到達しているため, この円軌道上を慣性飛行す

る．この円軌道は，静止トランスファ軌道に入るための経過軌道であることからパーキング軌道とよばれている．

⑪ 約24分44秒後に第2段エンジンの第2回目の点火が行われる．この第2回目の燃焼により，ロケットはトランスファ軌道投入に必要な 10.2 km/s まで加速される．

⑫ 約28分01秒後に第2段エンジンの第2回目の燃焼停止を行う．

⑬ リフトオフから28分21秒後に，第2段から人工衛星を分離する．第2段タンク内に残された推進薬や高圧ガスが爆発などの原因とならないよう，これらの推進薬，ガスをタンク外に排出して全ロケットのミッションは終了する．

以上の飛行手順を表 5.3 に，打ち上げ概念図を図 5.14 に示す．また，この打ち上げ時の飛行経路を図 5.15 に示す．

表 5.3 H-Ⅱロケット基本型の飛行手順の例
(静止トランスファ打ち上げ)[24]

事　象	発射後経過時間 分	秒	距　離 km	高　度 km	慣性速度 km/s
① 第1段エンジン点火		−06	0	0	0
② SRB 点火		00	0	0	0
③ リフトオフ		00	0	0	0.4
④ 固体ロケットブースタ燃焼終了	1	33	31	36	1.5
⑤ 固体ロケットブースタ分離	1	39	36	40	1.6
⑥ 衛星フェアリング分離	3	46	348	130	2.8
⑦ 第1段主エンジン燃焼停止	5	45	661	176	5.1
⑧ 第1段・第2段分離	5	56	694	181	5.1
⑨ 第2段エンジン第1回点火	6	02	721	185	5.1
⑩ 第2段エンジン第1回燃焼停止	12	45	2,940	254	7.8
⑪ 第2段エンジン第2回点火	24	44	7,810	249	7.8
⑫ 第2段エンジン第2回燃焼停止	28	01	9,430	260	10.2
⑬ 衛星分離	28	21	9,620	269	10.2

トランスファ軌道は，静止衛星軌道を遠地点とする楕円軌道である．分離された人工衛星は，図 5.16 のように，トランスファ軌道上を静止衛星軌道に向かって慣性飛行し，静止衛星軌道に到達した時点で人工衛星がもっている静止軌道投入用のアポジエンジンまたはアポジモータにより円軌道速度に加速され，静止衛星軌道上を周回することになる．

72　第 5 章　ロケット

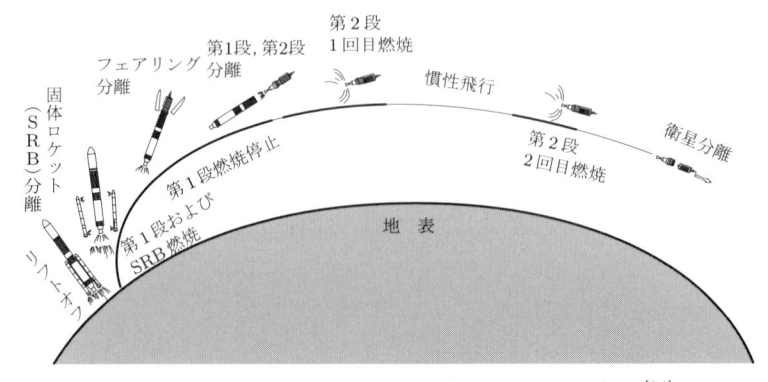

図 5.14　H-Ⅱロケットによる静止衛星打ち上げ概念図[24]

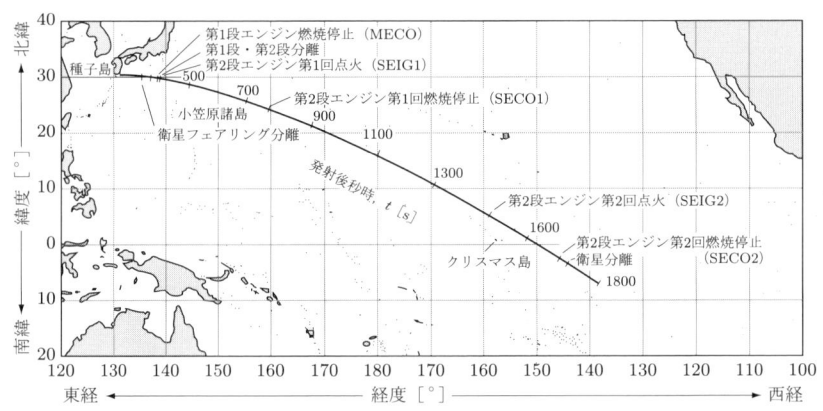

図 5.15　静止軌道ミッション飛行経路の例[24]

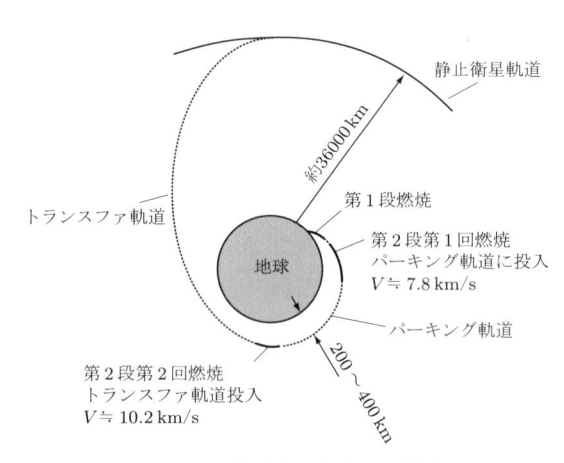

図 5.16　静止衛星打ち上げ方式

■ ■ ■ 演習問題 ■ ■ ■

5.1 図 5.16 に示した静止衛星打ち上げに必要な増速度を求めよ．なお，パーキング軌道高度は 200 km，軌道傾斜角は 30°，トランスファ軌道の軌道傾斜角は 28.5°，静止軌道高度は 35785.5 km，軌道傾斜角は 0°とする．地球の引力定数 $\mu = 3.986 \times 10^5$ km^3/s^2 である（この演習問題は第 7 章終了後実施すること）．

5.2 トランスファ軌道上の質量 4000 kg の人工衛星が，トランスファ軌道の遠地点において静止衛星軌道に移るためには 1.83 km/s の増速量が必要である．この速度を得るため人工衛星がもっているアポジエンジンを使用して加速する場合の必要推進薬量を求めよ．ただし，エンジンの比推力 $I_{\text{sp}} = 300$ s とする．

コラム │ 宇宙輸送系予算の削減は，未来に禍根を残す

　もうすぐ人類の宇宙進出が始まる．その時期は，今世紀半ば以降になると思うが，正確なところはわからない．これは，数十世紀にわたる人類史のタイムレンジからみると，もうすぐであるといえる．若い学生たちのなかに，火星に行けるものなら行きたい，または住めるものなら住みたいという意見が多いのに驚く．かれらは世界人はおろか，もっと先の宇宙人となることにもなんの抵抗もないようだ．自分たちが，かつての両生類のように異環境に進出することに，生物として運命付けられているかのように···

　宇宙進出は，力のある国から個々に出て行くものである．全世界の協力のもとに宇宙進出していくのが理想だが，人類の英知がそこまでいくまえに現実に追い越されてしまうことだろう．宇宙進出という人類文明の一大転換を実現できるのは，輸送手段をもっている一部の国のみである．いま，ここでわが国が宇宙輸送手段の開発に怠惰であったら，あの大航海時代に乗り遅れた中国のようになってしまうだろう．

　中国は，中世の技術の分野，鋳鉄，羅針盤，製紙技術，印刷術などでヨーロッパにくらべ，圧倒的なリードをたもっていた．航海技術についても，15 世紀初頭には鄭和に代表される大船団を遠くアフリカ大陸東岸にまで送りだしていた．数百隻で編成されたこの船団には船体が 120 メートルに達する船まで含まれ，乗組員総数は 2 万 8000 人にも達していた．たった 3 隻のコロンブスの船団が大西洋を渡ってアメリカ大陸の東岸の島に到着する何十年も前に，中国はインド洋を越えてアフリカ大陸に達していたのである．その中国がなぜ大航海時代に乗り遅れ，中国の内海ともいうべき東南アジアの海をヨーロッパの船が縦横に荒らしまわるのを許してしまったのか．

　これらの謎を解く鍵は，単純である．それは中国自身が船団の派遣を止めてしまったからである．中国宮廷内の権力闘争において遠征推進派が破れたためである．1405 年から 1433 年にかけて 7 回にわたって派遣された大船団は 2 度と派遣されなくなったばかりでなく，造船所は解体され，外洋航海も禁じられてしまった．幸か不幸かあの広大な領域を統一して治めるという優れた政治制度のおかげで，この決定は厳しく守られた．たった一度の一時的な決定によって，中国全土から造船所が姿を消し，この愚かな決定のため中国は以後，歴史の表舞台から退いていくことになった．

これにくらべ，大航海時代が始まったころのヨーロッパは政治的に統一されておらず，各国が持てる力に応じて船団を形成することができた．また，技術の交流や競争を妨げる動きもなく，各国が切磋琢磨した結果が今日のヨーロッパの隆盛を築いた．

　いまわが国の宇宙開発に対して，特に宇宙輸送系の開発に対しては逆風が吹いている．2度のH-IIロケットやMロケットの失敗のあとでやむを得ない面もあるが，ここで宇宙輸送手段の研究開発をスローダウンするというような誤った決定をしてはならない．そのような決定は戦後60年ようやく欧米並みの技術力をつけ，自力で宇宙進出できる経済力までそなえるにいたったわが国の将来を数百年にわたって危うくするものである．

　宇宙輸送に関する技術は，かつての大航海術のごとくこれからの国の行方を左右する根幹の技術である．これなくして宇宙進出はかなわないばかりでなく，これを支える膨大な技術が，さらなる国の発展に重要な役割をはたすのである．わが国は中世中国のような宮廷政治の国ではないが，幸か不幸か政治的に極めて統一された国である．中世中国では情け容赦のない権力により支配されていたが，いまわれわれは予算という間接的縛りにより支配されている．この間接的縛りの段階で為政者が宇宙輸送手段の研究開発に予算を投じることをしぶるようなことは，わが国を宇宙時代に背を向けた三流国におとしめる行為である．

　もうすぐ宇宙への進出が始まるという世紀の初めにあたって，自力で宇宙に進出する技術を確立しておくことは，独自の文明を誇るわが国にとっては最低限の心構えであると私は考える．そうすることによって，青少年達が当たり前と考えている宇宙進出を当たり前のように実行できる一流の国になりたい，と私は思う．

6 人工衛星

　人工衛星は，ロケットと並んで宇宙工学の2本の柱である．ロケットがある意味非常に短時間の作動で任務を終えるのに対して，人工衛星は過酷な宇宙空間において数年，場合によっては十年以上も作動し続けなければならない．したがって，人工衛星に要求される技術は，ロケットに要求されるものとはかなり異なり，長時間の耐久性や，厳密な熱解析であったりする．それらの詳細な技術要請については，専門書にゆずることとして，ここでは，人工衛星のシステム構成，制御，ミッション，とくに地球観測衛星について述べる．

人工衛星（提供 JAXA）

6.1　人工衛星システムの構成

　人工衛星システムは，衛星系と地上支援系により構成される．人工衛星は，その衛星特有のミッションを遂行するための機器と，そのミッション機器を支援するためのバス機器から構成される．また，地上支援系は，人工衛星を追跡し，データを取得して運用・管制を行うための機器からなっている．これらを図6.1に示す．

第 6 章 人工衛星

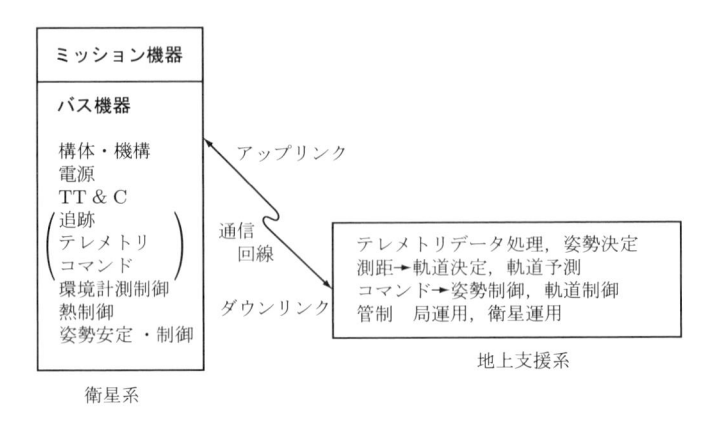

```
┌─────────────────┐
│ ミッション機器     │
├─────────────────┤
│ バス機器         │
│                 │        アップリンク
│ 構体・機構       │
│ 電源            │
│ TT & C          │        通信
│ 追跡      ┐     │        回線      ┌──────────────────────────┐
│ テレメトリ  ├    │                  │ テレメトリデータ処理, 姿勢決定  │
│ コマンド    ┘    │                  │ 測距→軌道決定, 軌道予測      │
│ 環境計測制御     │        ダウンリンク │ コマンド→姿勢制御, 軌道制御   │
│ 熱制御          │                  │ 管制  局運用, 衛星運用       │
│ 姿勢安定・制御    │                  └──────────────────────────┘
└─────────────────┘
     衛星系                                 地上支援系
```

図 6.1　人工衛星システム

以下に，主要な機能について述べる．

6.1.1　TT&C (tracking, telemetry and command)

人工衛星との間に良好な通信回線を得るためには，地上アンテナによる正確な追尾が必要である．人工衛星の軌道を正確に把握するためには種々の方法があるが，人工衛星にトランスポンダ[1]を搭載し，アップリンクで送った測距トーンあるいは符号を人工衛星で折り返し，ダウンリンクにおける位相差から距離を求めるとともに，アップリンクに付随したダウンリンク周波数のドップラー偏移から距離変化率を求める方式が広く用いられている．

6.1.2　熱制御

宇宙空間は超真空で，人工衛星から見た宇宙は，太陽，地球，および月を除けば，極低温の空間と考えることができる．軌道上の人工衛星への熱入力としては図 6.2 の太陽放射 (波長 $0.3 \sim 2\ \mu m$) が主要部分を占め，ほかに太陽放射の地球からの反射 (地球アルベド) および図 6.3 に示す地球の赤外放射が加わる．人工衛星内部の熱交換は，放射と構体を通じた熱伝導によって行われる．人工衛星自体の熱は宇宙空間に対して，赤外領域 ($3 \sim 30\ \mu m$) の放射により行われる．黒体とは入射エネルギーを全て吸収する物理学上の仮想物体である．一定温度のもとで黒体表面から放射されるエネルギーは，実在の物体に比べて最大となる．図 6.2 に示すように太陽放射の強さは，5800 K の黒体より放射される強さにきわめて近いため，太陽表面温度は 5800 K と推定されている．

人工衛星の熱設計は，人工衛星が機能を発揮するためにも，寿命の点でも，きわめ

---

[1] 呼掛け機からの呼掛けを受信し，適当な応答を自動的に送信することができる送受信機．

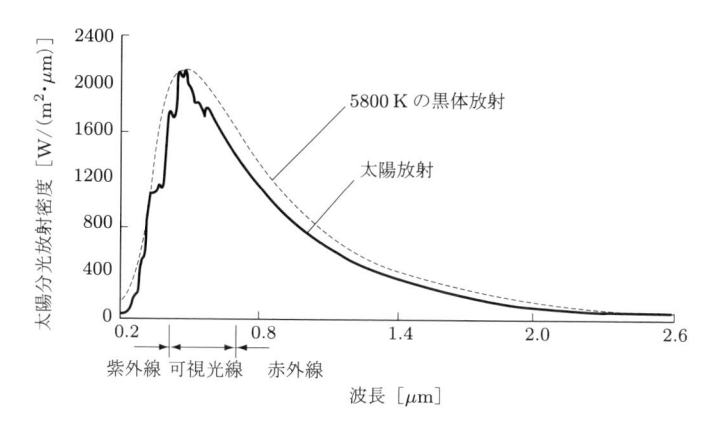

図 6.2 太陽放射

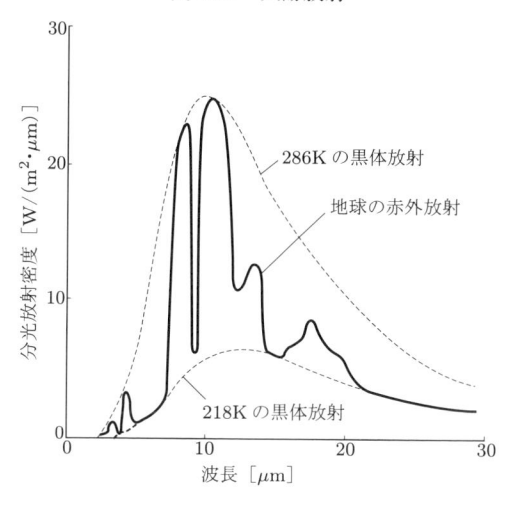

図 6.3 地球の赤外放射

て重要である．熱設計に際しては各サブシステム表面の分光学的性質 (太陽光吸収率，赤外放射率など) を把握しておく必要があり，サーマルブランケット，サーマルルーバ，ヒートパイプなど，複数の熱制御機器が組みあわせて用いられる．開発の初期には，熱設計計算の整合性を確認するために，必ず熱真空環境試験が行われる．

6.1.3 姿勢安定・制御

人工衛星の安定・制御を考えるうえで，まず決めなければならないのは，その姿勢である．姿勢決定のためのセンサとして種々のものが用いられてきているが，そのおもなものを以下に述べる．

① 太陽センサ

人工衛星上の基準面に対する太陽の方向を求める．センサのスリットを通る太陽光の入射角による変化を，光電素子や半導体を用いて検出するものである．

② 地球センサ

地球をデスクとして，それに対する人工衛星の基準面の方向を見るもので，おもに波長 14 ～ 16 μm という狭い CO_2 ガスの放射エネルギーバンドが観測に使われている．これは，雲，気象，季節，および緯度などにあまり影響を受けないようにするためである (図 6.6 参照)．

③ 恒星センサ

あらかじめ位置のわかっている恒星に対する人工衛星基準面の方向を求めるもので，星の光を光電子増幅管や電荷結合素子 (CCD：charge coupled device) センサを用いて検出する．太陽や地球と異なり恒星は数が多いため，検出した光が目的の恒星のものかどうかわからなければならないが，実際には非常に精度が高い．最近では，CCD センサによって同時に複数の恒星を観測し，そのパターンから 3 次元の位置情報を得たり，恒星を背景として移動する対象物の映像から人工衛星と対象物の相対位置を求めることも行われている．

④ ジャイロ

高速で回転する剛体の回転軸に直角に加速度を加えたときに生じる歳差運動[2]を検出するものと，リングレーザージャイロのようにリング干渉計の原理[3]を用いたものとがある．これらはもちろん，ロケットの航法に用いられるものと同様のものである．

人工衛星は，目的の軌道に入り運用が開始された後にも，地球重力場のひずみ，月や太陽の引力，太陽風や希薄な空気分子など，地球引力以外の微小な力 (摂動力という) を受けて軌道が変動する．この軌道の変動とその修正 (制御) について，静止人工衛星を例に述べる．軌道長半径や離心率の変動は地球上から見ると人工衛星の経度方向，すなわち，東西方向の偏移 (ドリフトという) となり，一方，軌道傾斜角の変動は緯度方向，すなわち，南北方向のドリフトとなる．これらを修正していくのが軌道制御またはステーション・キーピングといわれる作業である (図 6.4 参照)．

(a) 東西方向制御

軌道高度が高くなる方向にずれると人工衛星の動きが地球自転より遅れて，西に移動し，また，軌道が低いほうにずれると逆に東に移動する．修正は軌道

---

[2] 回転体の回転軸が方向をゆっくりかえていく運動をいう．首振り運動ともいう．
[3] 共振器の形を三角形としてレーザー光の光路を閉ループとしたリングレーザーの中では，右まわりと左まわりの二つの進行波が存在する．リングレーザーが慣性空間に対し回転していると，二つの進行波の間に行路差を生じるので，これを高感度で測定する．

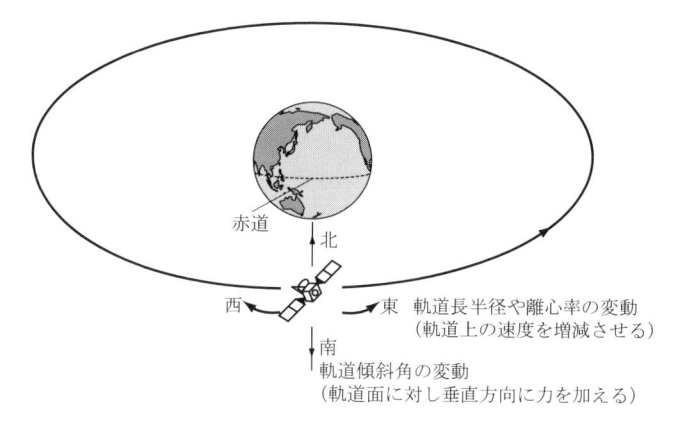

図 6.4　ステーション・キーピング作業

速度を増減させることにより行う．
(b) 南北方向制御

　　軌道傾斜角のずれは，おもに月，太陽の引力によって生じるが，その結果，地上から見る人工衛星は第 7 章で述べるように 8 の字を描いて南北方向にずれる．この修正は，軌道面に対して垂直方向に推力を加えて軌道傾斜角を戻すことにより行う．

これらの軌道制御は，それぞれ 2 週間から 1 ヶ月に 1 度の割合で，人工衛星に搭載しているガスジェットや電気推進スラスタにより行われるが，このための燃料残量が人工衛星の寿命を決めることが多い．

6.2　気象観測衛星

気象観測も広義には地球観測ミッションに属するわけであるが，ここでは，大気の擾乱の存在，および気温，水蒸気，風速，地表面の温度などの観測を行い，天気予報や大気物理学の研究に寄与する気象観測衛星について述べる．そのほかの観測を行う地球観測衛星については 6.3 節で説明する．

気象観測衛星は，雲や前線，気圧，温度などの天気予報に必要な情報のほかに，長期の気象変動予測に必要な CO_2，O_3，CH_4 などの地球大気の放射収支に関係する要素の観測を行っている．これらの項目の大部分は，従来の地上気象観測所でも精度の高い観測を行っているが，地球表面の 70% が海洋で，気象観測所のほとんどが人の住めるところにしか存在していないという問題がある．このような理由で，気象衛星に頼らなければならない面もある．一方，太陽から地球大気への放射入射量，地球大気

から宇宙空間に失う放射エネルギー量などは，人工衛星でなければ観測できない．すなわち，気象観測衛星は，従来の気象観測所の不備を補完するほかに，人工衛星でしか観測できない重要な任務ももっている．

6.2.1 衛星センサ

肉眼で感知する電磁波(光)の波長帯は可視光域とよばれ，波長にして0.4～0.75 μm である．この波長帯より短波長のX線や長波長のレーダー波に対して，人間は無感である．衛星によるリモートセンシングとは，人間の無感域までの広い範囲の電波を用いて行うので，その電波にあったセンサが必要である．図6.5に示すように，リモートセンシング技術による電磁波の波長とこれを感知するセンサには相互に深い関係があり，波長に対応したセンサの開発もまた行われている．

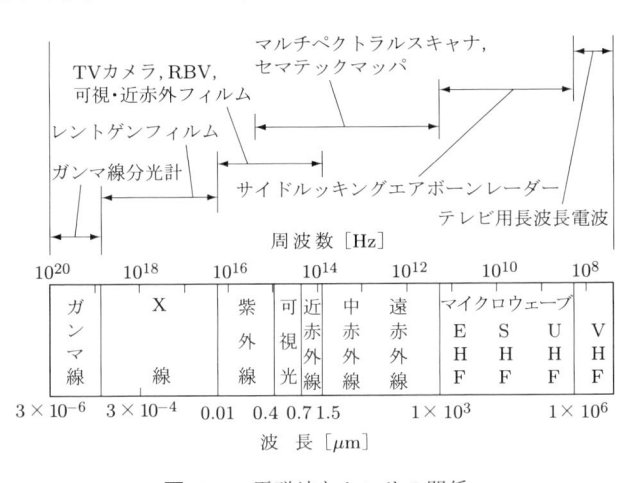

図 6.5 電磁波とセンサの関係

これらのセンサは，受動式センサ(passive sensor)と能動式センサ(active sensor)に分けられる．受動式とは，太陽光や宇宙から到達する電磁波を直接または間接的に感知するものをいい，能動式とは，自ら光またはレーダー波を発射してその反射光または反射波を受感するものをいう．

6.2.2 赤外線センサ

地表面の温度測定を行うためには，地表面からの熱放射を測定しなければならない．この場合，大気を透過してくる熱放射をとらえることになる．大気は，大きく分けて二つの要素により構成されている．

① 分子：N_2，O_2，CO_2，O_3 などの分子

② エアロゾル：霧や霞 (ヘイズ) などの水蒸気，スモッグ，ごみなどの粒径の大きい粒子

大気中を電磁波が透過する場合，分子やエアロゾルによって散乱や吸収が起こるため，波長によって透過する割合が異なる．この大気の分光透過特性を図 6.6 に示す．

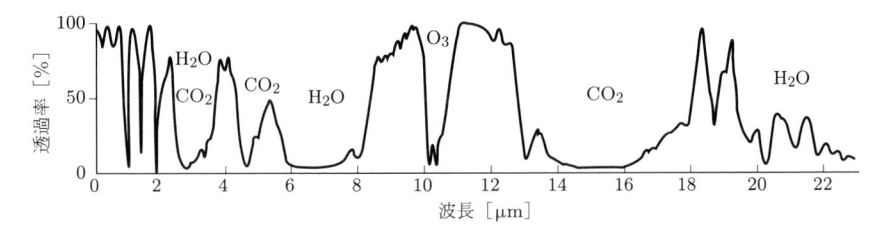

図 6.6 大気の分光透過特性

この図は，波長に応じて，どの程度透過するかを示したものである．グラフの上に書いてある分子式は，その分子によって透過が妨げられることを示している．波長域によって透過率のよい領域があるが，これは大気の窓とよばれている．赤外領域では $8 \sim 12\ \mu m$ の領域が大気の窓となっている．

赤外線センサには，熱センサと半導体センサとがある．熱センサは，赤外線の熱作用を利用したもので，熱作用による温度変化を熱起電力または電気抵抗の変化を利用して，信号をとり出すものである．この種のセンサは，素子に熱容量があるため時定数が長く，応答が遅い欠点がある．一方，半導体センサは光量子センサとよばれ，半導体の内部光電効果を利用したものである．時定数は短く応答が速い．代表的なセンサを表 6.1 に示す．

表 6.1 代表的な赤外線センサの性能

検知素子	動作温度 [K]	最大感度波長 [μm]	限界波長 [μm]	感度 $D_\lambda^*(\lambda, f, 1)$ [cm·Hz$^{1/2}$·W^{-1}]	時定数 [μs]	暗抵抗 [MΩ]
PbS	300	2.1	3	1×10^{11} (90 Hz)	250	1.5
InSb	77	5.5	5.8	4×10^{10} (800 Hz)	1	$3 \sim 5$ kΩ
Ge：Au	77	$5 \sim 6$	9	7×10^9 (900 Hz)	1	$0.2 \sim 0.5$
Ge：Hg	35	12	14	3×10^{10} F$_0$V=60°	0.1	$0.1 \sim 0.5$
CdHgTe	77	$9.5 \sim 13$	$9.5 \sim 13$	2×10^{10} F$_0$V=60°	< 1	$20 \sim 100$
サーミスタボロメータ	300	—	—	2×10^8	> 3000	数 100 kΩ 以上

$$D_\lambda^*(\lambda, f, l) = \frac{(S/N) \cdot \sqrt{\Delta f}}{P_\lambda \cdot \sqrt{A}}$$

S/N：信号/雑音　　　　λ：波長 [μm]
P_λ：入射光パワー [W/cm^2]　　Δf：増幅器帯域幅
f：測定周波数 [Hz]　　A：素子面積 [cm^2]

6.2.3 気象観測衛星の現状

現在活躍している気象観測衛星は，わが国のひまわりのほかに，欧州宇宙機関 (ESA) の METEOSAT，アメリカの GOES (2 個)，インドの INSAT の 5 個である．アメリカの 2 個の気象観測衛星は東側のものを GOES-E (East の略)，西側のものを GEOS-W という．各気象観測衛星は赤道上空 35700 km にあり，各気象観測衛星の経度は，METEOSAT が $0°$，INSAT 東経 $74°$，ひまわり東経 $140°$，GEOS-W 西経 $135°$，GOES-E 西経 $75°$ である．

6.2.4 ひまわり

ひまわり 5 号の外形を図 6.7 に，外観を図 6.8 に，主要緒元を表 6.2 に示す．

ひまわりが搭載しているセンサは，可視・赤外回転走査放射計 (VISSR：visible and infrared spin scan radiometer) である．日本語が長すぎるので，一般に略語の VISSR が使われている．VISSR は，名称からわかるように，可視光および赤外光に感度をもつ 2 チャンネルの放射計である．

(a) VISSR による観測法

円筒状の構体の側面に窓があり，ここから入ってくる可視・赤外光を，図 6.9

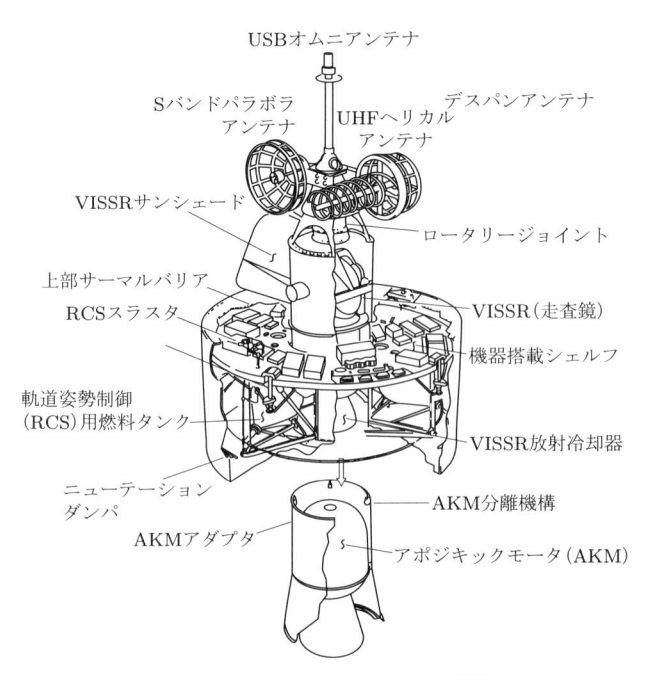

図 6.7 ひまわり 5 号外形図 [25]

図 6.8 ひまわり 5 号の外観 (提供 JAXA)

表 6.2 ひまわり 5 号の主要諸元[25]

開発の目的と役割		わが国の気象業務の改善および静止気象衛星に関する技術の向上に資することを目的とする。 世界気象機関 (WMO) が推進する世界気象監視 (WWW) 計画の一環として，地球を 5 個の静止気象衛星などでカバーする気象衛星観測組織のひとつを担う。 (1) 可視赤外走査放射計 (VISSR) による地球の大気・地面・海面の状態を観測し，次のようなデータを取得 　(a)　台風・低気圧の発生や動き 　(b)　雲頂の高さ，雲量 　(c)　上層・低層の風向風速 　(d)　海面温度 　(e)　大気中の水蒸気分布 (2) VISSR 観測データの利用者への配信 (3) ブイ，船舶，離島観測所など (通報局) からの気象観測データの収集 (4) 捜索救助信号の中継実験
打ち上げ	日　時	1995 年 (平成 7 年) 3 月 18 日 17:01
	場　所	種子島
	打ち上げロケット	H-II ロケット試験機・3 号機 (H-II・3F) (SFU と同時打ち上げ)
構造	質　量	約 345 kg (静止軌道上初期)
	形　状	直径約 215 cm 高さ約 354 cm (アポジモータ分離後) 円筒形
軌道	高　度	約 36000 km
	傾斜角	$0 \pm 1°$
	種　類	静止衛星軌道 (東経 140°)
	周　期	約 24 時間
姿勢制御方式		スピン安定方式 (100 rpm，スピン方向 西から東)
設計寿命		5 年

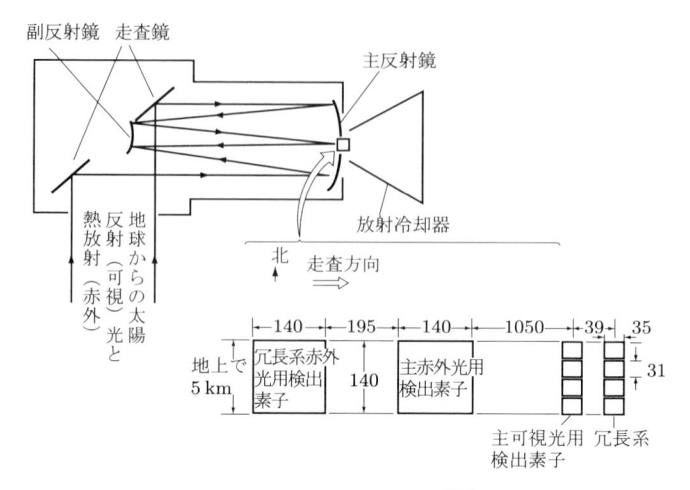

図 6.9 VISSR 模式図[26]

に示すように，走査鏡→主反射鏡→副反射鏡の順に集光し，可視および赤外光に分光して，それぞれをその波長にあった検出素子 (赤外線は HgCdTe センサ) で検出して記録する．

地表の観測は，人工衛星の 100 回転/分を利用して，窓が地球を向いている間に地球を走査する．はじめに走査鏡を北極方向に向けておき，1 回転するごとに 1 ステップずつ南に下げ (図 6.10 参照)，25 分で終了，次の 2.5 分でもとに戻す．さらに姿勢が安定するまで 2.5 分かかるので，結局 30 分ごとに画像取得が可能である．日本付近の台風を観測する場合には，南半球まで観測する必要がないのでもっと短時間の観測が可能となる．1 走査幅は人工衛星直下では 5 km で，これを赤外は 1 個，可視は 4 個の検出素子で検出するので，人工衛星直下の理論的分解能はそれぞれ 5 km と 1.25 km となる．分解能は，直下から離れるに従って低下する．観測データは可視チャンネル 6 ビット，赤外チャンネルは 8 ビットとして送信される．送信速度は 14 メガビット/秒である．

(b) VISSR による観測データ

観測されたデータは，可視，赤外とも 32 階調の白黒濃度画像として出力される．可視画像の解像度はよいが，東西両端では 8 時間の時差があるため，全域の画像は日本時間 12 時 (正午) 以外には良好な画像が取得できない．一方，赤外画像はいつでも取得できるので，TV で放映されるのはほとんど赤外画像である．0, 3, 6, ‥‥ の 3 時間ごとの雲分布画像は，気象衛星センターで処理後，ただちにひまわりを中継して放送される．これらは天気図などを受信する

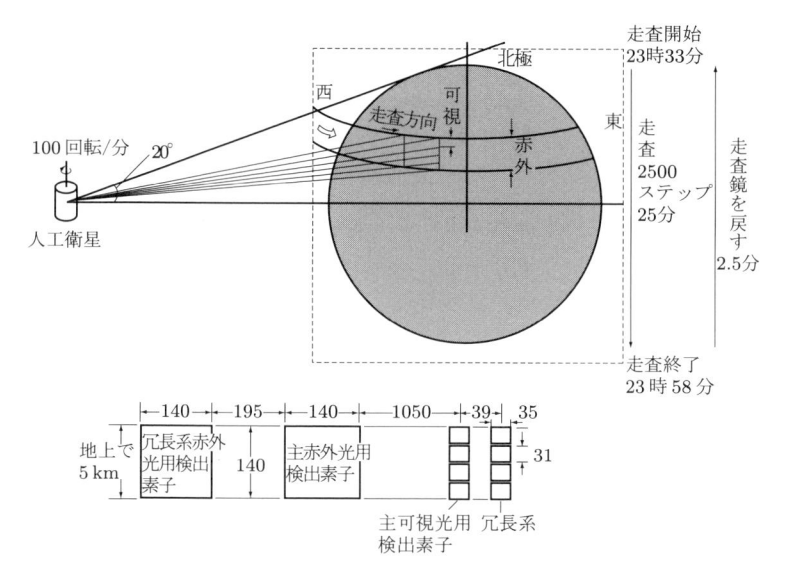

図 6.10 VISSR による観測方法 [26]

通常の気象 FAX で受信できるので，非常に多くの国の人々に利用されている．

VISSR からは，毎日放映されている雲分布画像のほかに，雲の移動から求められた風速や，赤外データから求められた海水温度分布などが得られ，多方面で利用されている．

6.3 地球観測衛星

人工衛星から地球を観測して，森林の健康度，樹種，伐採域の識別，穀物の生育状態などを明らかにすることができる．また，鉱物やエネルギー資源探査，土地利用，水質・大気汚染，自然災害などの調査にも人工衛星は広く使われるようになっている．このように，地球観測ミッションは，その利用が多岐にわたっているため，観測用センサも，次のように各種のものが開発されている．

① 対象物による太陽反射光のスペクトル分布を計測する分光放射計
② 対象物の温度分布を計測する熱赤外放射計，マイクロ波放射計
③ 対象物の高度などを計測するステレオ映像センサ，合成開口レーダー，高度計
④ 海面の波・風速などを計測するマイクロ波散乱計

このような地球観測データが一般に利用されるようになったのは，人工衛星 LANDSAT のマルチスペクトラルスキャナ (M^2S: multi spectral scanner，6.3.2 項参照) の画像データが，わが国でも自由に入手できるようになった 1979 年以降である．

ここでは，わが国の地球資源衛星を例として，地球観測衛星について述べる．

6.3.1 地球資源衛星 (ERS：earth resource satellite) ふよう-1

ふよう-1 (図 6.11) は，1992 年に打ち上げられたわが国初の資源観測衛星である．ERS-1 が正式の略称であるが，欧州の ERS-1 と区別するため，JERS-1 とよんでいる．地球資源探査に役立つデータの取得を目的に，表 6.3 に示す M^2S であるマルチスペクトル高分解能光学センサ (OPS: optical sensor) と合成開口レーダー (SAR, 6.3.3 項参照) を搭載している．

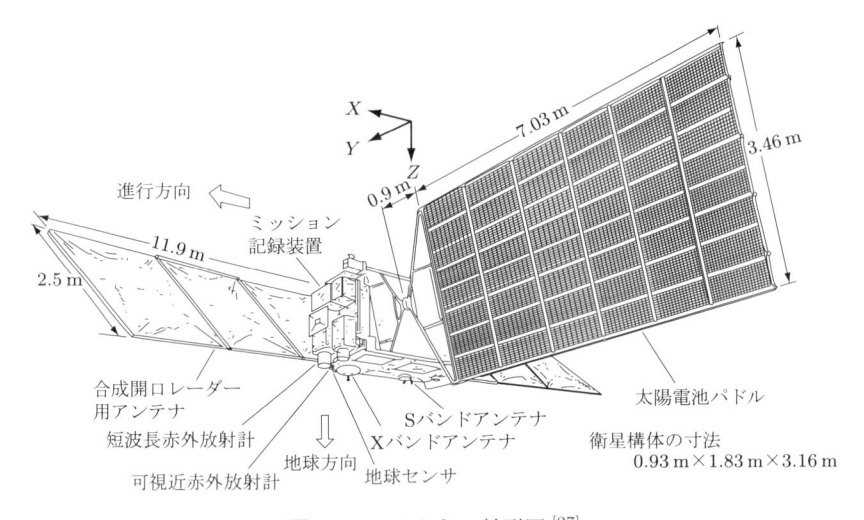

図 6.11 ふよう-1 外形図 [27]

表 6.3 地球資源衛星ふよう-1 搭載センサ諸元

センサ	光学センサ (OPS)	合成開口レーダー
波長 [μm]	0.52–0.60 0.63–0.69 0.76–0.86 0.76–0.86* 1.60–1.71 2.01–2.12 2.13–2.25 2.27–2.40	中　心　1.275 GHz 帯域幅　15MHz 偏　波　H-H 天底角　35°
地表分解能 [m]	18.3 × 24.2	18 × 18
地表走査幅 [km]	75	75
衛星回帰日数	44	

＊ステレオ観測用

光学センサのバンド 4 は，バンド 3 と 15.3°前方に傾けているため，両カメラでステレオ地形情報が得られる．光学センサは，雲があるとその下の観測が不可能であるが，合成開口レーダーは，雲があっても観測ができる．観測データは資源探査のほか，多くの分野でも利用できる．大きさは $3.2 \times 0.9 \times 1.8$ m，質量は 1.4 t である．太陽電池は寿命末期で，1.85kW の能力をもっている．軌道は傾斜角 98°の太陽同期準回帰軌道で，回帰日数は 44 日，軌道高度は約 570 km，降交点通過は地方時で 10 時 30 分である．打ち上げは 1992 年 2 月 11 日，1998 年に本体寿命が尽きて活動を停止した．

6.3.2 マルチスペクトラルスキャナ M^2S

マルチスペクトラルスキャナは MSS と略称されることもあるが，リモートセンシングの膨大なデータを扱うコンピュータの世界では，mass storage system のことでもあるので，混乱をさけるため M^2S (エムツーエスと読む) と略称されることが多い．ふよう-1 の M^2S である OPS は，可視近赤外光から短波長赤外光までの広い範囲の地表反射光を検出し，マルチスペクトラム画像を作成する高性能，高分解能の光学センサである．

ふよう-1 には，表 6.3 に示したように，バンド 1 ($0.52 \sim 0.60$ μm) からバンド 4 ($0.76 \sim 0.86$ μm) までの可視近赤外光センサと，バンド 5 ($1.60 \sim 1.71$ μm) からバンド 8 ($2.27 \sim 2.40$ μm) までの短波長赤外光センサを搭載している．各バンドには，表 6.1 に記したような，その波長に適合する検知素子が使われている．センサに入力した電磁波は，この検出素子で受感し，増幅されて電圧に変えられ，ディジタル情報に変換されて地上に送信される．地上では，対象物の分光特性を考慮してデータを再加工 (たとえば，チャンネル演算) したうえで最適な判別関数を見いだし，各分類項目ごとに主として画像情報として出力される．OPS で得られた桜島の土地被覆と植生の例を図 6.12(a) に示す．

6.3.3 合成開口レーダー

地表面の観測に使われる合成開口レーダー (SAR: synthetic aperture radar) は，夜間や雨天でも調査できるため，光学カメラや M^2S で観測できない時間帯や，雲で覆われている地域の観測には欠くことのできないレーダーとなっている．

通常のレーダーで分解能を向上させるためには，レーダー放射角度ビーム幅 β_0 を狭くして，かつ，アンテナ径 D をなるべく大きくする必要がある (指向性を絞って細いビームにするには，アンテナを大きくする必要がある)．実際に，人工衛星からレーダー電波を照射して，地表で 10 m 程度の分解能を達成するためには，アンテナ開口が 1 km を超え，人工衛星に搭載する機器としては非現実的な大きさになってしまう．

合成開口レーダー SAR は，この欠点を克服するために考え出された．飛翔体 (飛行

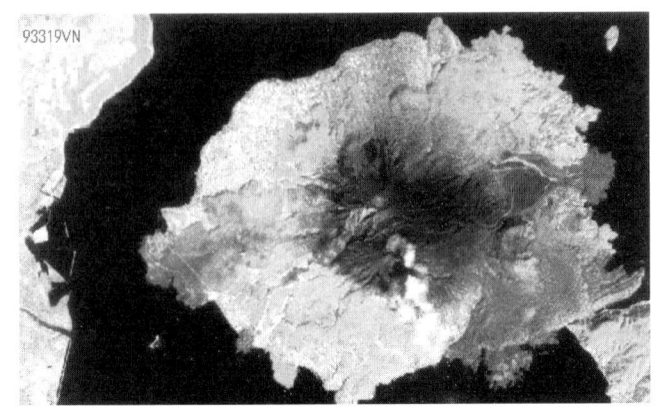

(a) OPS 画像

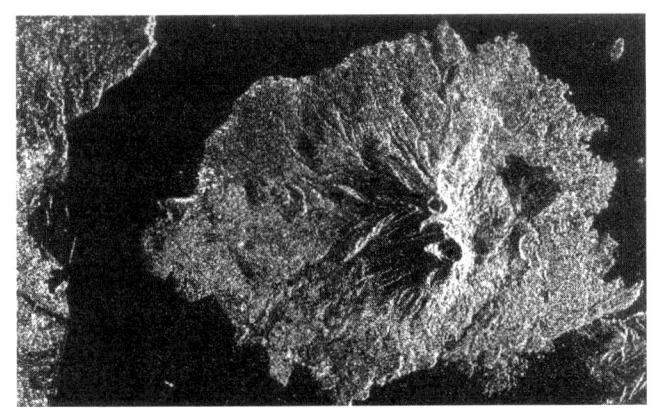

(b) SAR 画像

図 6.12 桜島 [28]

機や人工衛星など) が移動しながら電波を送受信して，解析的に大きな開口をもったアンテナの場合と等価な画像が得られるようにしたもので，人工的に開口を合成するので，合成開口レーダーとよばれる．図 6.13 に示すように，人工衛星が高さ h の地点を A, B, C と移動している．レーダーから電波は常に地表に向けられ，地表では人工衛星の移動方向に D だけ広がっている．つまり，地表の点 O は人工衛星が軌道上を距離 D だけ動く間，電波にさらされることになる．そうすると，A–C 間の距離が D なので，合成開口レーダーの見かけのアンテナ径は D となる．

合成開口レーダーは，短時間に膨大なデータを処理する必要があり，これが本格的になったのは，コンピュータが高性能化してからである．合成開口レーダーは，アポロ計画でも月面探査に使用されたが，当時，スーパーコンピュータでも数時間かかる

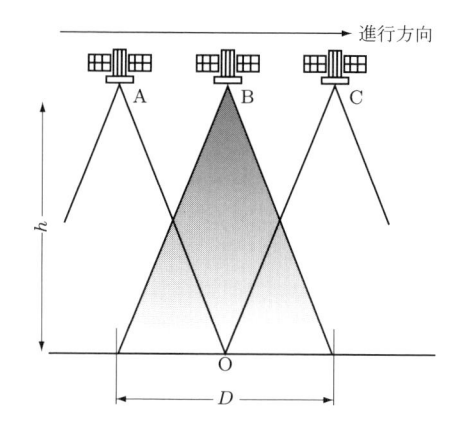

図 6.13 軌道上の合成開口レーダー

計算を行えるのは，軍か NASA に限られていた．

ふよう-1 で得られた桜島の SAR 画像を図 6.12(b) に示す．

■ ■ ■ 演習問題 ■ ■ ■

6.1 人工衛星の姿勢安定・制御のために用いられるセンサを四つすべて挙げよ．
6.2 次の文章のうち，正しいものには○を，誤っているものには×を選びなさい．
1) 赤外線センサでは，電磁波の透過率のよい大気の窓とよばれる領域を利用する．
2) 現在，活躍している気象衛星は日本，欧州宇宙機関，アメリカ，インドがそれぞれ所有する計 4 個である．
3) マルチスペクトラルスキャナは通常，MSS と省略される．
4) 合成開口レーダー（SAR）は，コンピュータの高性能化によって実用的となった．

7 人工衛星の軌道

天文学における衛星とは,惑星のまわりをその重力の影響を受けてほぼ周期的な軌道をまわる天体をさす.たとえば,フォボスを火星の衛星とよぶような使われ方をする.しかし,ここでは,地球のまわりをまわる人工衛星の軌道について述べる.楕円軌道の式から軌道の設計に必要な打ち上げ速度や打ち上げ角度を求める.また,各軌道間の転位について解説する.

7.1 軌道の基礎

軌道に乗った人工衛星は,万有引力の法則に従って運動する.ケプラーは惑星運動に関する三つの法則を確立した.

① 太陽系の惑星は,太陽をひとつの焦点とする楕円軌道をとる(ケプラーの第1法則).
② 惑星と太陽を結ぶ半径ベクトルが単位時間に過ぎる面積は,いかなる位置でも等しい.したがって,惑星は太陽に最も近い地点で軌道速度は最大になり,最も遠い地点で最小になる(ケプラーの第2法則).
③ 惑星の周期の二乗は太陽からの平均距離の三乗に比例する(ケプラーの第3法則).すなわち,

$$T_p = c a_s^{3/2} \tag{7.1}$$

ここで, T_p : 惑星の周期
c : 定数
a_s : 太陽からの平均距離

地球をまわる人工衛星の場合も,太陽系の惑星と同様に上述のケプラーの法則に従う.この場合,地球中心がひとつの焦点となる.以下に楕円軌道の基本について述べる(図7.1参照).

7.1.1 楕円軌道

楕円の長径を $2a$, 短径を $2b$ とすると,地球のまわりをまわる人工衛星の軌道は,次式で与えられる.

7.1 軌道の基礎

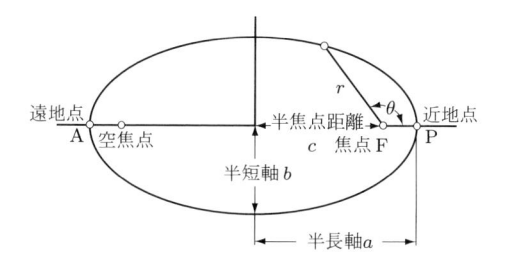

図 7.1 楕円軌道

$$r = \frac{a(1-e^2)}{1+e\cos\theta} \tag{7.2}$$

ここで，r：焦点 F(地球) から軌道上の点までの距離
　　　　e：離心率
　　　　θ：楕円の長軸と半径ベクトルのなす角

楕円の特性から，

$$e = \frac{c}{a} \tag{7.3}$$

$$b = a\sqrt{1-e^2} \tag{7.4}$$

$$c = \sqrt{a^2-b^2} = ae \tag{7.5}$$

である．c は半焦点間距離である．軌道の近地点 (perigee) P と，遠地点 (apogee) A の距離 r_p および r_a は，式 (7.2) で $\theta = 0$ および $\theta = \pi$ とおいて，

$$r_p = a - c = \frac{a(1-e^2)}{1+e} = a(1-e) \tag{7.6}$$

$$r_a = a + c = \frac{a(1-e^2)}{1-e} = a(1+e) \tag{7.7}$$

となる．式 (7.6)，(7.7) から，

$$e = \frac{r_a - r_p}{2a} = \frac{r_a - r_p}{r_a + r_p} \tag{7.8}$$

となる．

図 7.2(a) は単位時間に半径ベクトルが過ぎる面積を比較している．

ケプラーの第 2 法則により灰色の部分の三角形の面積は等しいことになる．図 7.2(b) に示すように，微小時間 dt に半径ベクトル r が過ぎる面積は $\frac{1}{2}r \cdot rd\theta$ で表される．この面積の変化率 (面積速度) を $\frac{1}{2}h$ とおくと (h は一定)，

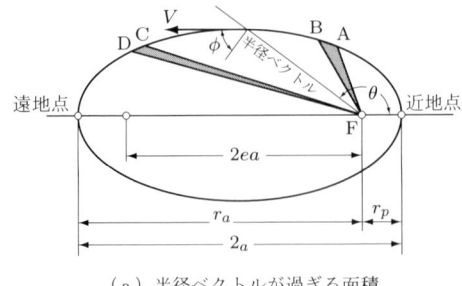

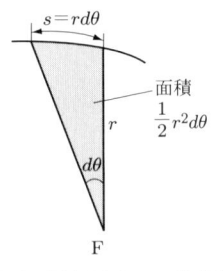

(a) 半径ベクトルが過ぎる面積　　(b) 半径ベクトルの描く面積

図 7.2　楕円軌道の特性

$$\frac{1}{2}r\frac{rd\theta}{dt} = \frac{1}{2}h \tag{7.9}$$

となる．したがって，

$$r^2\frac{d\theta}{dt} = h = 一定 \tag{7.10}$$

となる．また，軌道上を dt 時間に移動する弧の長さ ds は $rd\theta$ であるから，接線速度 V は，

$$V = \frac{ds}{dt} = r\frac{d\theta}{dt} = \frac{h}{r} \tag{7.11}$$

となる．上式より，接線速度 V は r の逆数に比例するから，r が最小値をとる近地点では速度は最大となり，逆に r が最大となる遠地点では最小となる．

楕円軌道を飛ぶ人工衛星の全エネルギー U は，運動エネルギーとポテンシャルエネルギーとの和で，次のように表される．

$$U = \frac{1}{2}mV^2 - \frac{GmM_E}{r} \tag{7.12}$$

ここで，　V　：軌道速度 [km/s]
　　　　　G　：万有引力定数 (6.672×10^{-20} km³/(kg·s²))
　　　　　m　：人工衛星の質量 [kg]
　　　　　M_E：地球の質量 (5.974×10^{24} kg)

全エネルギー U がわかると，本式から軌道速度 V を求めることができる．同一の長軸をもつすべての楕円軌道をまわる人工衛星は，単位質量当たりの同一全エネルギー E をもつ (例題 7.1 参照) ため，質量 m の人工衛星の全エネルギー U は，

$$U = -\frac{GmM_E}{2a} \tag{7.13}$$

である．この値を式 (7.12) に代入すると，

$$-\frac{GmM_E}{2a} = \frac{1}{2}mV^2 - \frac{GmM_E}{r}$$

となる．すなわち，楕円軌道上の人工衛星の速度は，

$$V = \sqrt{GM_E \left(\frac{2}{r} - \frac{1}{a} \right)} \tag{7.14}$$

となる．したがって，近地点および遠地点における速度 V_p, V_a は，式 (7.6), (7.7) の r_p, r_a を式 (7.14) に入れて，

$$V_p = \sqrt{GM_E \left[\frac{1+e}{a(1-e)} \right]} \tag{7.15}$$

$$V_a = \sqrt{GM_E \left[\frac{1-e}{a(1+e)} \right]} \tag{7.16}$$

となる．平均速度は式 (7.14) で $r = a$ とおいて，

$$V_{\mathrm{mean}} = \sqrt{\frac{GM_E}{a}} \tag{7.17}$$

となる．

軌道の周期は，楕円の面積を面積速度 $\frac{1}{2}h$ で割れば求められる．楕円の面積は πab であるから，式 (7.4) の $b = a\sqrt{1-e^2}$ を用いて，

$$T = \frac{2\pi a^2 \sqrt{1-e^2}}{h} \tag{7.18}$$

となり，式 (7.11) に式 (7.6), (7.15) の r_p, V_p を代入して h を求めると，

$$h = V_p r_p = \sqrt{aGM_E(1-e^2)} \tag{7.19}$$

となる．この h を式 (7.18) に入れて，楕円軌道の周期は，

$$T = 2\pi \sqrt{\frac{a^3}{GM_E}} \tag{7.20}$$

となる．この式がケプラーの第 3 法則の数学的表現である．

●例題 **7.1** ●

楕円軌道のエネルギーを運動方程式から導け．

解 地球のまわりをまわる人工衛星の運動方程式を，ひとつの焦点を中心とする極座標 (r, θ) で表すと，

$$\ddot{r} - r\dot{\theta}^2 = -\frac{\mu_E}{r^2} \tag{1}$$

$$2\dot{r}\dot{\theta} + r\ddot{\theta} = 0 \tag{2}$$

となる (章末の補足参照). ドットは時間に関する微分を表している.

ここで, μ_E は地球の重力定数で

$$\mu_E = GM_E = 3.985 \times 10^5 \text{ km}^3/\text{s}^2 \tag{3}$$

である. 式 (1), (2) を1回積分して, 次式を得る.

$$r^2 \dot{\theta} = h \tag{4}$$

$$\frac{1}{2}\dot{r}^2 + \frac{h^2}{2r^2} = \frac{\mu_E}{r} + E \tag{5}$$

ここで, h, E は積分定数であり, それぞれ h:単位質量当たりの角運動量
E:単位質量当たりの同一全エネルギー

を表す. 式 (4) は角運動量保存則を, 式 (5) はエネルギー保存則を表している. 式 (4) より $dt = \frac{r^2}{h^2}d\theta$ であり, これを式 (5) に入れて $dr/d\theta$ について解くと,

$$\frac{dr}{d\theta} = r\sqrt{\frac{2\mu_E}{h^2}r + \frac{2E}{h^2}r^2 - 1} \tag{6}$$

となる. これは, 変数分離形であるから, 積分して,

$$r = \frac{h^2/\mu_E}{1 + \sqrt{(2Eh^2/\mu_E^2) + 1} \cos\theta} \tag{7}$$

となり, 円錐曲線の式が得られる. ここで, 近地点 r_p に対する動径の角度を0としている. この式と楕円の式 (7.2) が同形となっているので,

$$a(1 - e^2) = \frac{h^2}{\mu_E} \tag{8}$$

$$e = \sqrt{(2Eh^2/\mu_E^2) + 1} \tag{9}$$

となることがわかる. 両式から h を除去すると,

$$E = -\frac{\mu_E}{2a} \tag{10}$$

となり, 楕円軌道のエネルギーが求められる.

7.1.2 円軌道

地球と同心の円軌道は楕円軌道の $e = 0$ の特殊な場合とみなせるから, 円軌道の速度 V_c は, 式 (7.15) において $e = 0$ とおいて得られる. すなわち, 式 (7.17) の平均速度と等しく,

$$V_c = \sqrt{\frac{GM_E}{a}} \tag{7.21}$$

である. これはまた, 式 (7.14) において $r = a$ とおいても得られる.

円軌道人工衛星の周期は, 円周 $2\pi a$ を速度 V_c で割って求められる.

$$T = \frac{2\pi a}{V_c} = 2\pi\sqrt{\frac{a^3}{GM_E}} = 2\pi\sqrt{\frac{(R_0+h)^3}{GM_E}} \quad (7.22)$$

ここで，R_0:地球の半径 $R_0 = 6378.14$ km
　　　　h :地表からの高度 [km]

7.1.3 脱出速度

離心率 $e=1$ の場合は，図 7.3 に示すように，軌道は F を焦点とする放物線を描く．この場合の軌道の式は，次のようになる．

$$r = \frac{2q}{1+\cos\theta} \quad (7.23)$$

ここで，q：近地点の距離

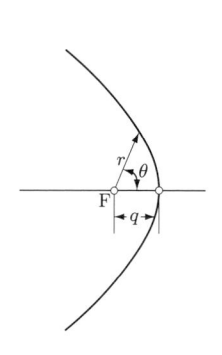

図 7.3 放物線軌道　　**図 7.4** 双曲線軌道

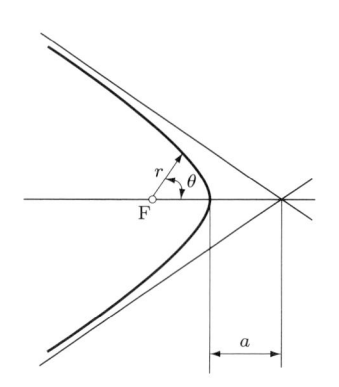

放物線軌道上の速度 V_{pa} は，式 (7.14) で a が無限大となるため，次のようになる．

$$V_{pa} = \sqrt{\frac{2GM_E}{r}} \quad (7.24)$$

式 (7.24) と式 (7.21) を比較すると，同じ距離 r における円軌道との速度の比は，

$$V_{pa} = \sqrt{2}V_c \quad (7.25)$$

となる．

離心率がさらに大きくなると，軌道は図 7.4 に示すような双曲線となり，軌道の式は次の式で与えられる $(e>1)$．

$$r = \frac{a(e^2-1)}{1+e\cos\theta} \quad (7.26)$$

双曲線軌道における速度 V_h は，

$$V_h = \sqrt{GM_E\left(\frac{2}{r}+\frac{1}{a}\right)} \quad (7.27)$$

となる.

　放物線軌道,双曲線軌道に打ち上げられた物体は再び地球に戻らず,地球を脱出したものとみなせる.脱出のための最小エネルギーは放物線軌道で得られるから,通常,放物線軌道の速度 V_{pa} を脱出速度 (escape velocity) とよぶ.地球脱出の上述の説明は,半径と質量を変えれば他の天体からの脱出にも適用できる.

　以上の各軌道の式および速度を表7.1にまとめる.

表 7.1 軌道の式および速度

(a) 軌道の式

離心率	軌　道	軌道の式
$e=0$	円	$r=a$
$e<1$	楕円	$r=\dfrac{a(1-e^2)}{1+e\cos\theta}$
$e=1$	放物線	$r=\dfrac{2q}{1+\cos\theta}$
$e>1$	双曲線	$r=\dfrac{a(e^2-1)}{1+e\cos\theta}$

(b) 軌道速度

軌道速度の関係	軌　道	軌道速度の式
V_c	円	$V_c=\sqrt{\dfrac{GM_E}{a}}$
$V_c<V<V_e$	楕円	$V=\sqrt{GM_E\left(\dfrac{2}{r}-\dfrac{1}{a}\right)}$
V_e	放物線	$V_e=\sqrt{\dfrac{2GM_E}{r}}$
$V_e<V_h$	双曲線	$V_h=\sqrt{GM_E\left(\dfrac{2}{r}+\dfrac{1}{a}\right)}$

7.2 人工衛星の打ち上げおよび軌道

　人工衛星は,打ち上げる位置および打ち上げの方向によりさまざまな軌道をとることができる.

7.2.1 人工衛星の位置

　地球のまわりをまわる人工衛星のある時刻における位置は,独立した六つのパラメータで表される.地球の北極方向を z 軸として直交座標系を図7.5のように定めると,x 軸,y 軸で定められる面は地球の赤道面となる.x 軸は,通常,春分点方向にとる.

　衛星軌道面と赤道面の交わる点のうち,図のように人工衛星が南から北に交わる点を昇交点,北から南に交わる点を降交点という.この昇交点の春分点からの距離(昇交点経度) Ω,および軌道面と赤道面の交わる角度(軌道傾斜角) i が与えられると,軌道面が空間のなかで定まる.その軌道面のなかで,長半径 a,離心率 e,および長軸の方向を決める近地点引数 ω が決まると軌道の形と位置が定まる.これらにプラスして,最後の近地点通過時刻 τ_p がわかると,任意の時刻における人工衛星の位置を計算

7.2 人工衛星の打ち上げおよび軌道   **97**

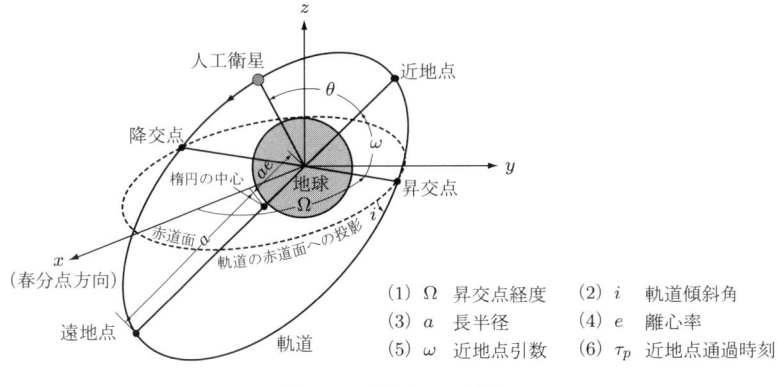

図 7.5 軌道の 6 要素

(1) Ω　昇交点経度　(2) i　軌道傾斜角
(3) a　長半径　(4) e　離心率
(5) ω　近地点引数　(6) τ_p　近地点通過時刻

できる.これら Ω, i, a, e, ω, τ_p を軌道の 6 要素という.

7.2.2　打ち上げ点の影響

図 7.6 により,打ち上げ点 (以下射点という) と軌道の関係を説明する.緯度 y にある射点 L から,ロケットを北東へ方位角 ξ で打ち上げるものとする.軌道面と赤道面の交点を A,L と同じ経度の赤道上の点を B とする.球面三角形 ABL を考えると,∠LBA は直角,∠LAB は軌道面の赤道面に対する傾斜角 i となり,∠ALB は打ち上げ方位角 ξ となる.また三角形の辺 BL は射点の緯度 y である.

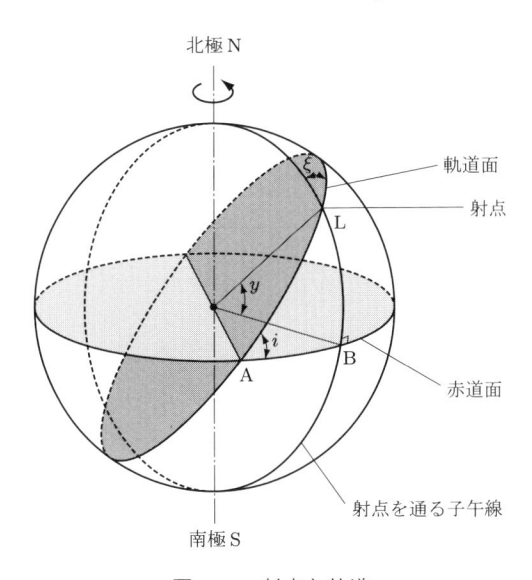

図 7.6 射点と軌道

球面三角比の公式より，

$$\cos i = \cos y \sin \xi \tag{7.28}$$

である．$\sin \xi \leqq 1$ だから，$\cos i \leqq \cos y$ となり，

$$i \geqq y \tag{7.29}$$

である．すなわち，ある射点より打ち上げられた人工衛星の軌道傾斜角は，射点の緯度より大きくなる．したがって，軌道傾斜角の小さい軌道をとるには，軌道面の変更を行う必要がある．

図 7.7 は，軌道傾斜角 $i = 34°$ の軌道をメルカトール投影図に示したものである．図より，軌道の最高緯度は軌道傾斜角 i に等しいことがわかる．この例は，アメリカのケープケネディ (緯度 28°30′) から打ち上げたものであるが，このような軌道とする方法を例題で検討する．

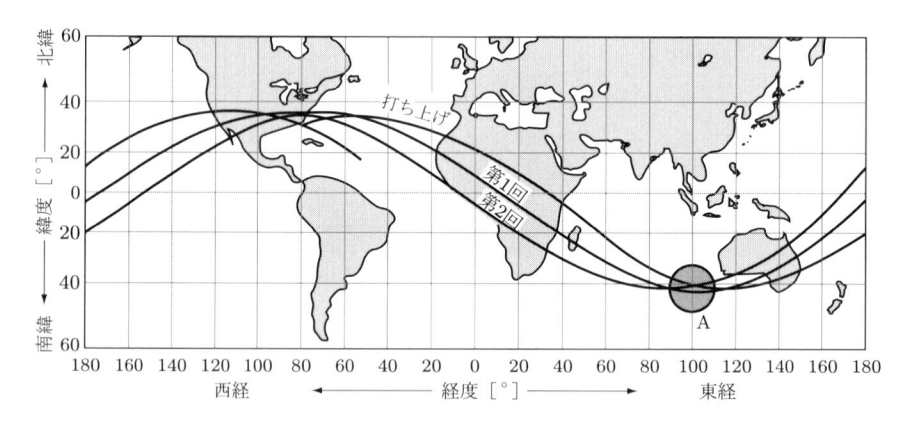

図 7.7 傾斜角 34°の円軌道人工衛星の軌道

●**例題 7.2**●

ケープケネディから，軌道傾斜角 $i = 34°$ の軌道に打ち上げるためには，打ち上げ方位角をいくらにすればよいか．

解 式 (7.28) において，$i = 34°$，$y = 28.5°$ であるから，

$$\sin \xi = \frac{\cos i}{\cos y} = \frac{\cos 34°}{\cos 28.5°} = 0.94335$$

したがって，

$$\xi = 70.62° \quad \text{または} \quad \xi = 109.37°$$

となる．これにより打ち上げ方向は北東に 70.62°とするか，南東方向に 109.37°とすればよいことになる．この様子を下図に示す．

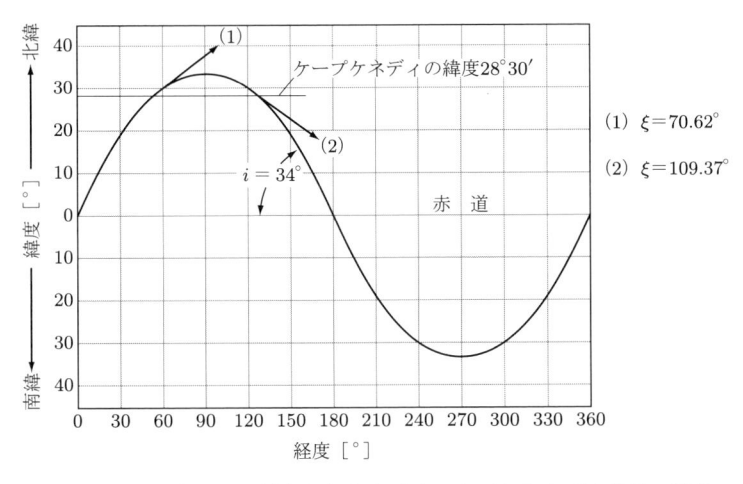

図 7.8 人工衛星の傾斜角と打ち上げ点および打ち上げ方位角の関係

7.2.3 自転の影響

地球表面における円速度 7912 m/s は，地球は自転していないものとした場合であるが，実際には地球の自転速度の接線速度は打ち上げ速度に加算しなければならない．この接線速度は，赤道上で最も大きく 465 m/s，両極で 0 となる．したがって，赤道上で地球が自転する東方に向かって打ち上げる場合，7912 − 465 = 7447 m/s の速度でよく，西方に打ち上げる場合には 7912 + 465 = 8377 m/s の速度が必要である．中緯度地方でも東方に向かって打ち上げるには，以上のように地球の自転を利用するという意味がある．

地球の自転のため放出点から地球を一周した人工衛星はもとの放出点には戻らず，地球の自転の反対方向 (西) にずれてくる．すなわち，図 7.7 からわかるように，軌道と赤道の交点が，しだいに西にずれてくる．

7.3 種々の軌道

軌道を一周したのち，再びもとの地点に戻ってくる人工衛星を周期人工衛星とよぶ．すべての人工衛星は少なからず周期性をもっているが，ここでは種々の人工衛星の周期性について述べる．

7.3.1 回帰軌道

地球の対恒星自転周期を平均太陽時で表せば，86164.1 s (23 時間 56 分 4.1 秒) である．人工衛星の周期 T がこの自転周期に対して整数比をもつような場合，すなわち，5385.3 s (比は 16)，5744.3 s (比は 15)，6154.6 s (比は 14) などであれば，地球の 1 回転の間にそれぞれ 16 周，15 周，14 周した後，もとの経路に帰る．このように，その日のうちにもとの軌道に帰ってくる軌道を回帰軌道 (recurrent orbit) という．ただし，その時刻は前日より約 4 分早くなってくる．17 周以上は存在しえない．回帰軌道の軌道の高さを例題 7.3 で検討する．

●例題 7.3 ●

周回数 16 回ごとにもとの軌道に戻ってくる回帰衛星の円軌道および楕円軌道の軌道高さを求めよ．ただし，楕円軌道の近地点高度は 200 km とする．

解 16 周の場合の周期 T は，

$$T = \frac{86164.1}{16} = 5385.25 \text{ s}$$

となる．この場合の軌道長径 a は，ケプラーの法則式 (7.20) より，

$$a^3 = \left(\frac{T}{2\pi}\right)^2 GM = \left(\frac{5385.25}{2\pi}\right)^2 \times 6.672 \times 10^{-20} \times 5.974 \times 10^{24}$$

$$a = (2.928 \times 10^{11})^{1/3} = 6640.3 \text{ km}$$

となる．これを円軌道で実現しようとすれば，軌道高度は図 7.9(a) より，

$$h = a - R_0 = 6640.3 - 6378.1 = 262.2 \text{ km}$$

となる．また，楕円軌道で実現しようとすれば，遠地点高度 h は図 (b) より，

$$h = 2a - 2R_0 - 200 = 2 \times 6640.3 - 2 \times 6378.1 - 200 = 324.4 \text{ km}$$

となる．

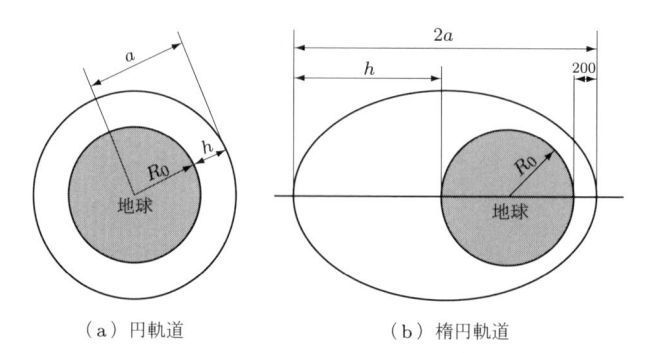

(a) 円軌道 (b) 楕円軌道

図 7.9 軌道高度

7.3.2 地球同期軌道，静止衛星

公転数 1 の場合は，地球の自転速度と周期 T が一致した場合である．このような人工衛星は地球と同じ速度で西に動いているため，地球同期軌道 (geosynchronous orbit) とよばれる．このうち，軌道傾斜角 i が 0 の場合，すなわち，人工衛星が赤道上を移動する場合には，常に一定地点の上空に静止して見える．このような人工衛星を静止衛星 (geostationary satellite) とよび，気象観測や放送，通信などに利用している．地球同期衛星 (静止衛星) の円軌道高度は 35786 km となる．軌道傾斜角 i が 0 でない場合は，その軌道上の人工衛星は地上から見て赤道上に静止せず，i に相当する上，下限のある 8 字形の軌跡を描く．

7.3.3 準回帰軌道

地球を何周かまわり，その日のうちにもとの地表面上空に戻ってはこないが，何日かすると戻ってくる軌道を準回帰軌道という．たとえば，地球観測衛星ランドサットは近地点 680 km，遠地点 700 km の軌道を周期 5917.774 s (約 98.6 分) でまわっているが，14 日後には同一軌道に戻ってくる．長期にわたって地球を観測するような人工衛星はほとんどこの軌道を採用している．

7.3.4 太陽同期軌道

極軌道衛星の軌道面は，地球の扁平率，その他の原因により回転 (公転) していくが，その軌道面の公転方向と 1 日当たりの回転角が，地球の公転方向と 1 日当たりの回転角 (太陽の正中時刻の 1 日当たりの遅れ) に等しい軌道を太陽同期軌道という．このとき，衛星の軌道面と太陽方向のなす角が，常にほぼ一定となる．この様子を図 7.10 に示す．

この軌道をまわる衛星から地球をみた場合，地表に当たる太陽光線が常に一定の角度であるため，同一条件での地球観測などに適している．この軌道は極軌道衛星のみで可能であるが，完全な極軌道 ($i = 90°$) では軌道の回転は起こらず，$i > 90°$ (逆行極軌道) のときのみ太陽同期軌道となる．円軌道の場合の軌道高度と軌道傾斜角 i の関係を図 7.11 に示す．

図 7.11 には回帰軌道も示している．回帰軌道と太陽同期軌道が一致している衛星は，毎日，同一地点を同一時間帯に通過する．回帰軌道と一致していない衛星は太陽同期準回帰軌道となり，何日かの周期ごとに同一地点上空を同一時間帯 (その地点の太陽光線の角度が同じ) に通過するため，同一条件 (地表に当たる太陽光線の角度) でくり返し地表を観測できる．そのため，広範囲にわたる定常的な観測にきわめて便利で，多くの地球観測衛星はこの軌道に打ち上げられ，全地球の観測を行っている．

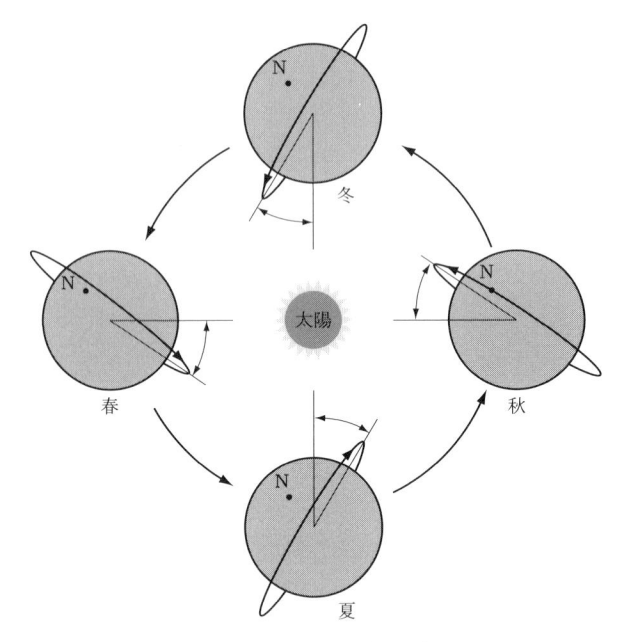

図 7.10 太陽同期軌道

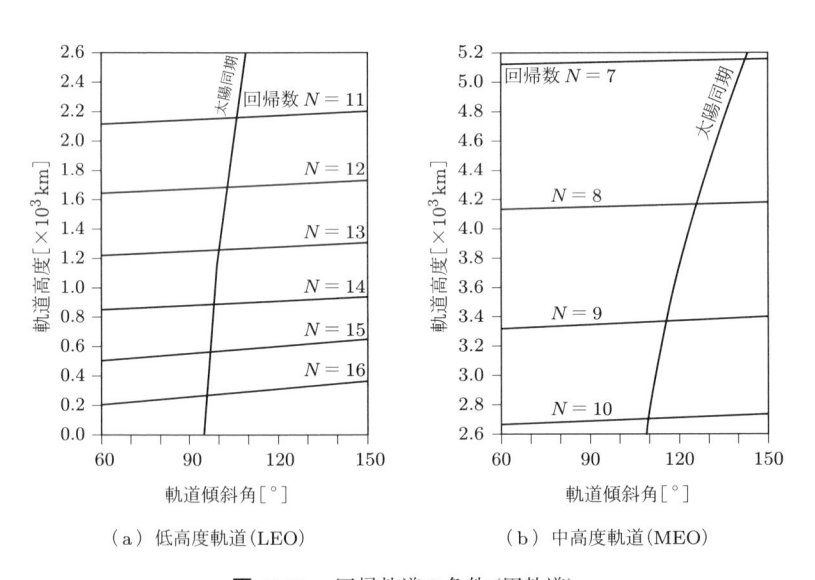

(a) 低高度軌道 (LEO)

(b) 中高度軌道 (MEO)

図 7.11 回帰軌道の条件 (円軌道)

7.4 軌道の転移

7.4.1 同一面上の円軌道間の転移

同一面上のある円軌道からほかの円軌道に転移する場合は，図 7.12 に示すように旧軌道半径 r_p を近地点とし，移行先の軌道半径 r_a を遠地点とする楕円軌道を利用する．この楕円軌道はホーマン (Hohmann) 軌道とよばれ，同一面上の円軌道の転移の場合の最小エネルギーを与える．

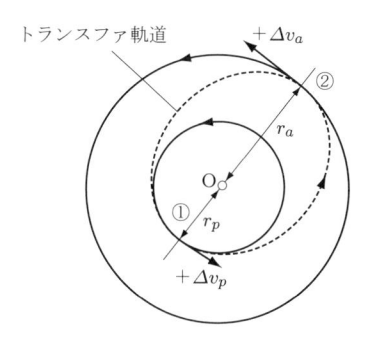

図 7.12 同一面上の円軌道間の転移

図 7.12 では軌道の中心 O を地球中心としているが，O 点を太陽の中心とすれば地球から火星などに向かう惑星間飛行の軌道としてもとりあつかうことができる．

図 7.12 で円軌道①から②に転移すると，楕円軌道の式 (7.6), (7.7) から，

$$\frac{r_a}{r_p} = \frac{1+e}{1-e} \tag{7.30}$$

となり，式 (7.15) から楕円軌道の近地点速度 V_p は，

$$V_p = \sqrt{\frac{2GM_E}{r_a + r_p}\frac{1+e}{1-e}} \tag{7.31}$$

となる．式 (7.30) を入れると，

$$V_p = \sqrt{\frac{2GM_E}{r_p + r_a}\frac{r_a}{r_p}} \tag{7.32}$$

となり，内円軌道の速度 V_c は $\sqrt{\dfrac{GM_E}{r_p}}$ であるから，軌道①において，円軌道を脱出して楕円軌道に移るために必要な接線方向の速度増加 ΔV_p は，次式で与えられる．

$$\Delta V_p = V_p - V_c = \sqrt{\frac{GM_E}{r_p}}\left[\sqrt{\frac{2(r_a/r_p)}{1+(r_a/r_p)}} - 1\right] \tag{7.33}$$

楕円軌道を移動して遠地点②に達したときの速度は $r_a V_a = r_p V_p$ から，次のようになる．

$$V_a = \frac{r_p}{r_a}\sqrt{\frac{2GM_E}{r_p+r_a}\frac{r_a}{r_p}} \tag{7.34}$$

外円軌道の速度は $\sqrt{\dfrac{GM_E}{r_a}}$ であるから，楕円軌道から外軌道に入るためには，遠地点②において再び接線方向の加速が必要である．この速度増加は，

$$\Delta V_a = V_{a(2)} - V_a = \sqrt{\frac{GM_E}{r_a}}\left[1 - \sqrt{\frac{2}{1+(r_a/r_p)}}\right] \tag{7.35}$$

で与えられる．すなわち，転移楕円軌道の近地点と遠地点における2回の加速 ΔV_p と ΔV_a によって，衛星は内円軌道から新しい外円軌道に移ることができる．

7.4.2 同一面上の共軸楕円軌道間の転移

図 7.13 に示すように，同一面上の内楕円軌道①から外楕円軌道②に転移する場合は，円軌道間の転移と同様に，内楕円の近地点と外楕円の遠地点との2箇所で接線方向に加速するツー・インパルス法が最もエネルギー消費が少なくてすむ．

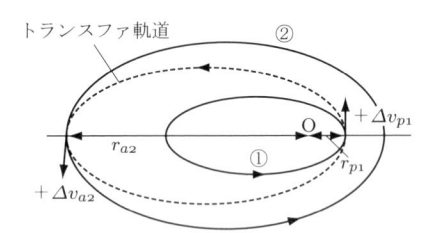

図 7.13 同一面上の楕円軌道間の転移

二つの楕円軌道の離心率と長径を，それぞれ e_1，e_2 および a_1，a_2 とすると，近地点距離 r_{p1} および遠地点距離 r_{a2} は，それぞれ式 (7.6)，(7.7) により，次のように与えられる．

$$r_{p1} = a_1(1 - e_1) \tag{7.36}$$

$$r_{a2} = a_2(1 + e_2) \tag{7.37}$$

添え字1は内楕円軌道上の値を，2は外楕円軌道上の値を表す．加速前の近地点 p_1 における内楕円近地点速度は，式 (7.15) より，

$$V_{p1} = \sqrt{\frac{GM_E}{r_{p1}}(1 + e_1)} \tag{7.38}$$

となり，また，加速後の転移楕円軌道における近地点速度は，

$$V_{pt} = \sqrt{\frac{GM_E}{r_{p1}}\left[\frac{2(r_{a2}/r_{p1})}{1+(r_{a2}/r_{p1})}\right]} \tag{7.39}$$

となる．したがって，内楕円軌道から転移軌道に移るために必要な近地点における速度増加 ΔV_{p1} は，

$$\Delta V_{p1} = V_{pt} - V_{p1} = \sqrt{\frac{GM_E}{r_{p1}}}\left[\sqrt{\frac{2(r_{a2}/r_{p1})}{1+(r_{a2}/r_{p1})}} - \sqrt{1+e_1}\right] \tag{7.40}$$

となり，転移楕円軌道の遠地点における速度は，

$$V_{at} = \frac{r_{p1}}{r_{a2}}V_{pt} = \sqrt{\frac{GM_E}{r_{a2}}\frac{2}{1+(r_{a2}/r_{p1})}} \tag{7.41}$$

となる．外楕円 (2) の軌道に入るためには遠地点で接線方向の加速が必要になる．加速後の外楕円軌道の遠地点における速度は，式 (7.16) により，次のように与えられる．

$$V_{a2} = \sqrt{\frac{GM_E}{r_{a2}}(1-e_2)} \tag{7.42}$$

したがって，遠地点における必要な増速度量は，

$$\Delta V_{a2} = \sqrt{\frac{GM_E}{r_{a2}}}\left[\sqrt{1-e_2} - \sqrt{\frac{2}{1+(r_{a2}/r_{p1})}}\right] \tag{7.43}$$

となる．このような操作は，地球から月への飛行や，地球から火星への飛行などに応用できる．

7.4.3 軌道面の転移

いままでの説明は，すべての軌道が同一面内にある場合の軌道転移であった．ここでは，軌道面が傾いている場合の軌道転移について簡単に触れる．現在の軌道面で V_1 の速度をもっている人工衛星を，図 7.14 に示すように，軌道面が δ だけ傾いている面上で V_2 の速度を与えたい場合，必要増速度 ΔV_2 は，三角法の公式より，次のように

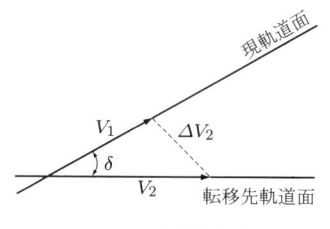

図 7.14 軌道面の転移

与えられる．
$$\Delta V_2 = \sqrt{V_1{}^2 + V_2{}^2 - 2V_1 V_2 \cos\delta} \tag{7.44}$$

■ ■ ■ 演習問題 ■ ■ ■

7.1 高度 200 km の円軌道速度，周期，および脱出速度を求めよ．ただし，地球半径 $R_0 = 6378.14$ km，万有引力定数 $G = 6.672 \times 10^{-20}$ km^3/(kg·s^2)，地球の質量 $M_E = 5.974 \times 10^{24}$ kg である．

7.2 地球の対恒星自転周期を平均太陽時で表せば 86164.1 s (23 時間 56 分 4.1 秒) である．周回数 13 回の回帰軌道衛星の周期，円軌道高度，および近地点高度を 200 km とした場合の楕円軌道の遠地点高度を求めよ．ただし，万有引力定数 $G = 6.672 \times 10^{-20}$ km^3/(kg·s^2)，地球の質量 $M_E = 5.974 \times 10^{24}$ kg，地球の半径 $R_0 = 6378.1$ km である．

7.3 火星および月の高度 200 km での円軌道速度および脱出速度を求めよ．ただし火星および月の質量，半径は，

火星：質量 6.416×10^{23} kg，半径 3397 km
月　：質量 7.348×10^{22} kg，半径 1738 km

である．

7.4 周回数 1 回の地球回帰円軌道の高度を求めよ．ただし地球の半径 $R_0 = 6378.1$ km，質量 $M_E = 5.974 \times 10^{24}$ kg である．

補足　例題 7.1 式 (1)，(2) の導出

地球のまわりをまわる人工衛星を考える．人工衛星を質点と見なし，この質点に作用する力は引力のみとし，空気力，その他は考えないこととする．地球の中心を原点 O とし，人工衛星の位置 P を極座標 (r, θ) で表す．また，人工衛星の位置ベクトルを $\boldsymbol{r}$ で表し，$\boldsymbol{r}$ 方向の単位ベクトルを $\boldsymbol{e}_r$，これと直角な方向の単位ベクトルを $\boldsymbol{e}_\theta$ とする．

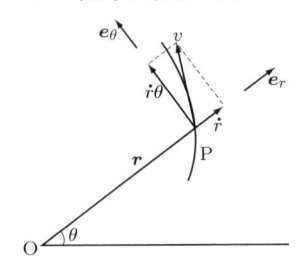

$\boldsymbol{r}$ は $\boldsymbol{e}_r$ を用いて
$$\boldsymbol{r} = r\boldsymbol{e}_r \tag{1}$$

速度を求めるには，これを時間 t で微分し，
$$\boldsymbol{v} = \frac{d\boldsymbol{r}}{dt} = \dot{r}\boldsymbol{e}_r + r\frac{d\boldsymbol{e}_r}{dt} \tag{2}$$

ここで $\dfrac{d\bm{e}_r}{dt} = \dot{\theta}\bm{e}_\theta$, $\dfrac{d\bm{e}_\theta}{dt} = -\dot{\theta}\bm{e}_r$ を用いて，さらに時間 t で微分し加速度 α を求める

$$\bm{a} = (\ddot{r} - r\dot{\theta}^2)\bm{e}_r + (2\dot{r}\dot{\theta} + r\ddot{\theta})\bm{e}_\theta \tag{4}$$

一方，人工衛星に働く力は，地球の引力で $\bm{F}$ であるから，

$$\bm{F} = F\bm{e}_r \tag{5}$$

人工衛星の質量 m とすると，F は万有引力の法則より

$$F = -\frac{GM_E m}{r^2} = -\frac{\mu_E m}{r^2} \tag{6}$$

である．ここで，

$$G = 6.672 \times 10^{-20} \text{ km}^3/(\text{kg} \cdot \text{s}^2) \quad (\text{万有引力定数})$$
$$M_E = 5.974 \times 10^{24} \text{ kg} \quad (\text{地球の質量})$$
$$\mu_E = GM_E = 3.985 \times 10^5 \text{ km}^3/\text{s}^2 \quad (\text{地球重力定数})$$

である．
したがって，質点の運動方程式は，

$$m\bm{a} = F\bm{e}_r \tag{7}$$

となる．
式 (4)，(5)，(7) を用いて，r 方向およびそれに直角な方向の成分式を導くと，

$$\left.\begin{array}{r}\ddot{r} - r\dot{\theta}^2 = -\dfrac{\mu_E}{r^2} \\ 2\dot{r}\dot{\theta} + r\ddot{\theta} = 0\end{array}\right\} \tag{8}$$

となる．

8 科学観測

　ロケットや人工衛星が実用化されて以来，主として地表からの光学観測に頼っていた天文学・宇宙科学の世界が様変わりしている．すなわち，いままで手の届かなかった惑星に，探査機を送り込める時代になり，各惑星の大気，温度，電場，磁場などの物理的諸量が直接測定されるようになった．また，宇宙から地球が観測できるようになり，地球をとりまく大気や高エネルギー粒子帯の様子が詳細に解明されてきている．しかし，これら以上に驚異的発展を遂げたのは，人工衛星による広い波長域での電磁波を用いた宇宙観測である．そのなかで特筆すべきは X 線による宇宙観測で，これにより，いままで予想もされていなかった宇宙の様子がしだいに明らかになってきた．本章では，宇宙観測のうちで，現在，最も注目されている X 線による宇宙観測の工学的分野について述べる．

8.1　X 線天文学の誕生

　X 線は，1895 年ドイツの物理学者レントゲンによって，まったく新しい電磁波として発見された．かれはこれにより，第 1 回 (1901 年) ノーベル物理学賞を受賞している．この X 線は人体を透過するため，現在では医療検査に多く使われている．しかし，かつてこの X 線が日夜宇宙から大量に降り注いでいることは誰も想像できなかった．地球の大気がすべての X 線を完全に吸収してしまうからである．

　1962 年，アメリカの科学者ロッシ (B.Rossi) は，多くの研究者がその成果について懐疑的な予想をするなかで X 線検出器を搭載したロケットを大気圏外に打ち上げた．月からの X 線を測るという名目であった．月からの X 線は検出できなかったが，ロッシは太陽系以外の天体から，予想もしなかったほど強力な X 線放射が出ていることを発見した．これは現在，さそり座 X-1 とよばれる全天で最も明るい X 線星である．月が偶然にさそり座 X-1 の近くにきていたことと，ロッシの先見性の賜物であった．このようにして X 線天文学は，劇的なスタートを切ることになった．

8.2 X線が開く宇宙の窓

　可視光は大気を透過するが，人体を透過するX線は地球の大気を透過できない．不思議と思うかもしれないが，これは，X線が可視光やほかの電磁波に比べてはるかに波長の短い電磁波であるからである．そのため，X線は物質を構成する原子と直接相互作用する．したがって，X線源と観測者の間にどれくらいの数の原子が存在するかで，X線が透過するかが決まる．人体を通過するより，大気を通過するほうが多くの原子に出会うというわけである．これに対し，可視光のほうははるかに複雑な相互作用が起こるので，最初に述べたような，一見すると反対のような現象が起こる．

　図8.1に，波長の異なる電磁波の地球大気の透過度を示す．灰色の部分は，宇宙からの信号強度が1/2になる高度を表している．これによると，波長 $0.4\ \mu m$ から $0.8\ \mu m$ の可視光以外，宇宙からの電磁波は地表に届いていなかったわけである．現在の全波長域にわたる天体観測に比べると，それ以前の可視光のみによる天体観測はほとんど何も見えていないという状態も同然だったことになる．ロケット，観測衛星が開いた宇宙の窓の広さがわかる．なお，人間などの動物の目がとらえられる電磁波の波長域が可視光にあるのは偶然ではなく，太陽エネルギーの強い可視光域を最大限に利用できるよう生物が進化したからである．

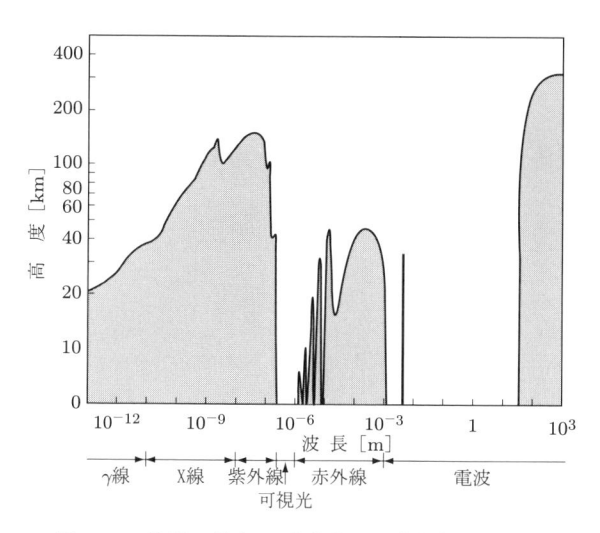

図 8.1 波長の異なる電磁波の地球大気の透過度（宇宙からの電磁波の強度が半分になる高度を示す）

8.3 X線による観測

図6.2で示したように，太陽や恒星は，われわれの目に感じる可視光域でほとんどのエネルギーを放出している．

夜空には，少しずつ位置を変えながらも，同じ形を保った星座が輝いていた．日々の生活から，人々は永久不変の宇宙像を感じていた．このように，宇宙を永久不変とする静的な宇宙像は，ギリシアの哲学者アリストテレスによって体系化され，長く人類の知的財産として受け継がれてきた．

アリストテレスの静的宇宙像は，近代天文学の誕生とともに崩されていった．近代天文学が明らかにした宇宙の姿は，静的なそれとは違い，星は生まれ，進化し，やがて死を迎えるという動的な宇宙像であった．動的な宇宙像といえども，その変化は数十億年という気の遠くなるような長い時間がかかるものである．したがって，われわれの寿命からみれば，まだ宇宙は永遠と考えてもよさそうである．しかし，ここでX線天文学が明らかにした宇宙像は，まったく異なるものである．

図8.2は，NGC6814とよばれる活動銀河核からのX線強度を，日本のX線観測衛星ぎんがが観測したものである．横軸は時間[分]，縦軸はX線のエネルギー強度を表している．ここでは，わかりやすくするため，太陽の全放射エネルギーを基本単位とし，その何倍であるかという量にしている．図から，一瞬でX線エネルギーが太陽の放射エネルギーの10億倍も変化していることがわかる．

太陽が10億個あったとして，それが一瞬のうちに消えたり現れたりする姿を想像できるであろうか．しかし，これは宇宙の現実の姿であり，ときには，わずか1秒の

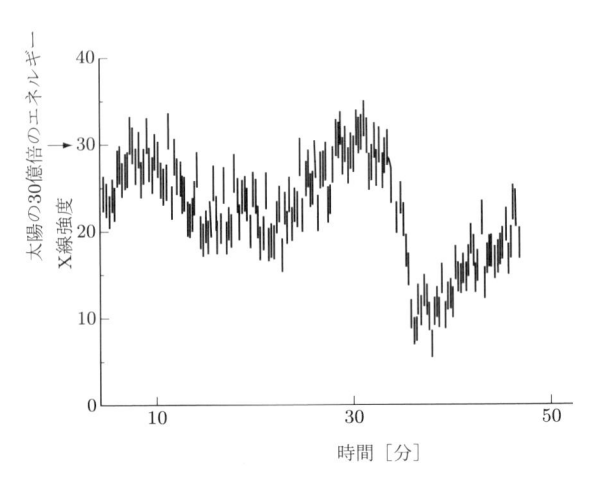

図 8.2 活動銀河核 NGC6814 からの X 線の時間変動 [29]

うちに太陽の10億倍ものエネルギーが変化する天体をとらえることもある．X線天文学は，このような激動する宇宙の様子を明らかにした．それは天文学における革命的な出来事であった．

X線天文学が切り開いた新しい現象は，短時間に激動する宇宙だけではない．図8.3は，可視光でとったわれわれの銀河，いわゆる天の川である．われわれの銀河は，約1000億個の星からできている円盤状の星の広がりであることはすでに知られている．星のない空間は，暗黒が支配しているように見える．

ところが，同じ空間をX線で観測してみると，銀河中心が明るく輝いて見えるのである．そこには，銀河全体を包むような数千万度の高温ガスが存在していた．その様子を図8.4に示す．

X線という異なる窓から眺める銀河は巨大な火の玉で，可視光で見える各星はその火の玉に浮かぶ塵のようなものであることがわかった．われわれの銀河では，この高温ガスの質量は恒星の1割から2割程度であるが，ほかの銀河では，銀河の質量に匹敵するものもある．この高温ガスができた原因や，この高温ガスが宇宙の彼方に飛散しない理由の解明など，X線天文学はきわめて活発な状況にある．

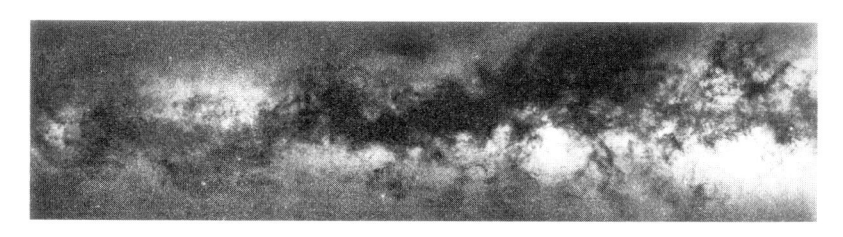

図 8.3　可視光でとったわれわれの銀河 (天の川)
(銀河面を基準平面として表している)[30]

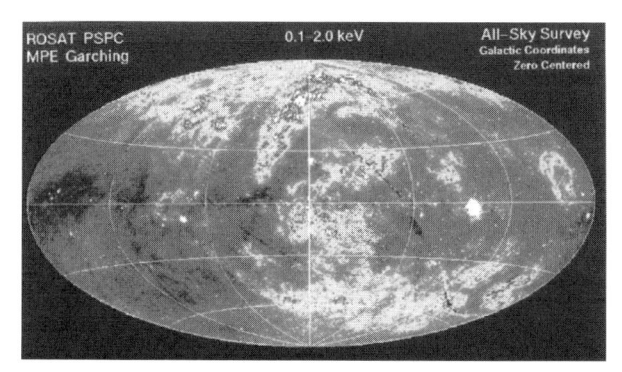

図 8.4　0.1～2.0 keV で観測した同一方向の銀河 [31]

●例題 8.1●

図 8.4 に示した写真は，0.1～2.0 keV で観測した全天イメージである．この写真が X 線観測図であることを示せ．

解 太陽光が七色に分離できるように，X 線もいろいろな波長の成分に分離できる．波長の逆数は，プランクの法則により X 線のエネルギーに比例する．

$$E = h\frac{c}{l} \tag{1}$$

ここで，E：X 線のエネルギー
h：プランク定数 6.63×10^{-34} J·s
c：真空中における光の速度 3.0×10^8 m/s
l：波長 m

X 線のエネルギーとして，eV という単位を使うが，これは静止した 1 C の荷電粒子が 1 V の電位差で加速されたときに得られるエネルギーである．SI 系のエネルギー単位で表すと，次のような関係となる．

$$1 \text{ eV} = 1.602 \times 10^{-19} \text{ J} \tag{2}$$

したがって，eV を使う場合のプランク定数は，

$$h = \frac{6.63 \times 10^{-34}}{1.602 \times 10^{-19}} = 4.138 \times 10^{-15} \text{ eV·s} = 4.138 \times 10^{-18} \text{ keV·s} \tag{3}$$

となる．したがって，0.1 keV および 2.0 keV の電磁波の波長は，式 (1) より，

$$l = h \times \frac{c}{E} = 4.138 \times 10^{-18} \frac{3.0 \times 10^8}{0.1} = 1.24 \times 10^{-8} \text{ m}$$

$$l = 4.138 \times 10^{-18} \frac{3.0 \times 10^8}{2.0} = 6.20 \times 10^{-10} \text{ m}$$

となり，X 線の波長 ($1 \times 10^{-11} \sim 1 \times 10^{-8}$ m) の範囲であることがわかる．

8.4 X 線観測機器

X 線観測機器として，X 線望遠鏡，X 線マイクロカロリーメータ，および X 線 CCD カメラについて述べる．

8.4.1 X 線望遠鏡

X 線で天体を観測する装置を，一般に X 線望遠鏡というが，普通の可視光の望遠鏡とは少し様子が違う．一般に，X 線の波長は物質の結晶を構成する原子の間隔程度であるから，X 線から見た物質は連続体ではない．その結果，X 線が物質に入射すると光が鏡で反射されるようになるのではなく，結晶構造による回析像が生じる (一般に

は，この性質を利用して，X線は結晶構造を解析するのに使われている).

しかし，X線の入射角が大きく，89°以上で鏡の面に入射する場合には全反射する．全反射というのは，光が屈折率の大きい媒質から小さい媒質に入射する場合，入射角がある角度以上になるとすべて反射される現象である (たとえば，水中を進む光が49°以上の入射角で空気中に出ようとしても，水面で全反射する). X線は，物質内部の屈折率が真空中よりわずかに小さいので，金属と真空の境界で真空側に全反射する．

そこで，鏡の面に沿うような浅い入射が起こるように鏡を組みあわせると，図8.5のように，遠くからくる平行X線を焦点に結合させることができる．このようにして，X線反射望遠鏡がつくられる．

鏡面は図8.5のように回転放物面となっている．ただし，このようにすると放物面のごく一部しか使えないので，望遠鏡の有効面積が小さくなってしまう．そこで，共焦点の放物面を重ねた図8.6のような同心円状の筒型X線望遠鏡が考案されてい

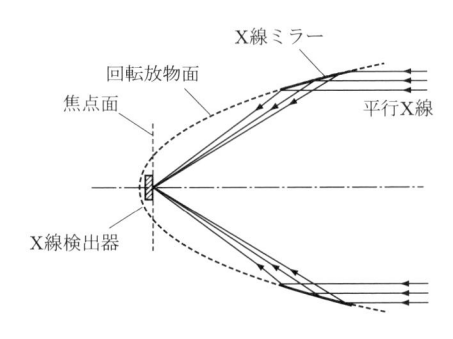

図 8.5 X線反射望遠鏡の原理

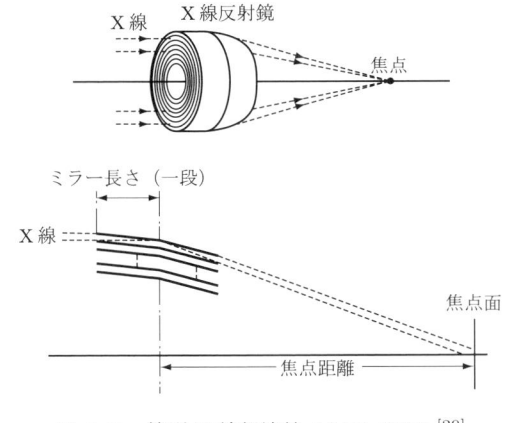

図 8.6 筒型X線望遠鏡 ASCA XRT [29]

る．実際の鏡面は収差をなくすため，放物面と双曲面を重ねている．この図はあすか (ASTRO-D) に搭載された X 線望遠鏡 ASCA XRT である．

8.4.2 X 線マイクロカロリーメータ

未知の光線によって写真感板が感光したことが，X 線発見につながったエピソードは読者も周知のことであろう．現在でも，実験室や医療の現場では，X 線は写真感板を用いてはかることが多い．

しかし，この写真感板を用いる方法は，宇宙 X 線に利用することはできない．天体からの X 線は，発生源においては非常に強力だが，観測点のわれわれのもとにたどり着くときには非常に微弱になってしまう．したがって，用いる X 線検出器は感度の高いものでなくてはならない．X 線は波長が短く粒子の性質が強いので，ひとつふたつというように数えられる．ところが写真感板では，多数の X 線がこないと感光しない．われわれが欲しい X 線検出器は，たとえひとつの X 線 (X 線光子という) でも確実に検出できなくてはならない．

X 線にはいろいろな波長がある．例題 8.1 で検討したように，ひとつひとつの X 線光子は，その波長に対応する定まったエネルギーをもっている．ところが，写真感板では，個々の X 線光子のエネルギーをはかることができない．エネルギーを識別する能力をエネルギー分解能とよぶが，X 線天文学では，できるだけすぐれたエネルギー分解能の X 線検出器を必要とする．

X 線が物体に吸収されると，物体の温度がわずかに上昇する．その温度上昇を測ると，X 線がもっているエネルギーがわかる．X 線による温度上昇はほんのわずかであるが，冷やした小さな物体に X 線を照射し，感度の高い温度計を使ってはかれば温度上昇を正確に知ることができる．これを応用した X 線検出器が，図 8.7 に示す X 線マイクロカロリーメータである．

X 線マイクロカロリーメータは，図 8.7 のように吸収体 (アブソーバ)，温度計 (サー

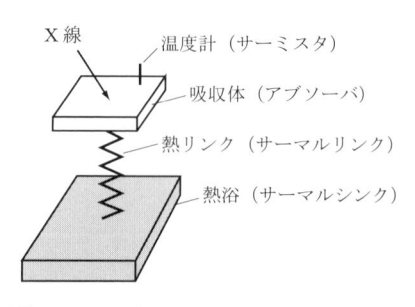

図 8.7 マイクロカロリーメータ原理図

ミスタ), 熱浴 (サーマルシンク), および吸収体と熱浴をつなぐ熱リンク (サーマルリンク) により構成される. 温度計にはさまざまな種類があるが, 温度によって電気抵抗が変化することを利用したものが一般的である. X線マイクロカロリーメータは, 入射したX線光子1個1個のエネルギーを, 素子の温度上昇を測ることによって測定する. 抵抗体内の電子の不規則な熱振動によって生じる熱雑音を避けるため, 装置を0.1 K(絶対温度0 Kより0.1 Kだけ高い温度) まで冷却している. 冷却は液体ヘリウムを用いている. この結果, X線のエネルギーを非常に高い精度で計測できるようになっている.

8.4.3 X線CCDカメラ

X線CCDカメラは, 家庭用光学ビデオCCDカメラと原理は同じである. 光学CCDカメラでは, 電荷結合素子 (CCD: charge coupled device) という半導体に画像が記録される. これは, 通常のカメラのフィルムに相当するもので, 極小のシリコンダイオードを並べたものである. これに光を当てると各素子が電荷に変換し蓄積する. 蓄積された電荷の大きさは受けた光量に比例するので, これを一定時間後に順番に読み出すことで大きさと位置を数値化し画像を作成している.

後述するすざくに搭載されたX線CCDカメラには, X線のエネルギーに比例した電荷をつくり出すCCDが百万個以上配置され, X線検出器としては, 従来のX線検出器よりX線波長の分解能が約10倍向上している.

8.5 X線観測衛星

これまでわが国では, X線観測衛星としてはくちょう, てんま, ぎんが, あすかと, 4個の衛星の打ち上げを成功させてきた. あすかは打ち上げ前にはASTRO-Dとよばれ, 1993年2月20日に打ち上げられ, 2001年3月2日にその任務を終えた. ASTRO-Dの次のASTRO-Eは2000年に打ち上げられたが, ロケットの故障で軌道に投入されることはなかった. さらにその次のASTRO-E-Ⅱは2005年7月10日に打ち上げられ, こちらは無事軌道に投入された.

2005年に打ち上げられたX線観測衛星すざく (ASTRO-E-Ⅱ) を例に解説する. すざくには, 図8.8(b) に示すように, 五つの軟X線検出器 (エネルギーレベルの低いX線を軟X線とよぶ) とひとつの硬X線検出器 (HXD) が搭載されている. X線望遠鏡は, X線マイクロカロリーメータ (XRS) 用に1台 (XRT-Sと呼称), X線CCDカメラ (XIS) 用に4台 (XRT-Ⅰと呼称) が搭載されている.

CCDカメラは, 0.4〜10 keVのエネルギー帯域をカバーし, 典型的な分解能は120

(a) 軌道上想像図

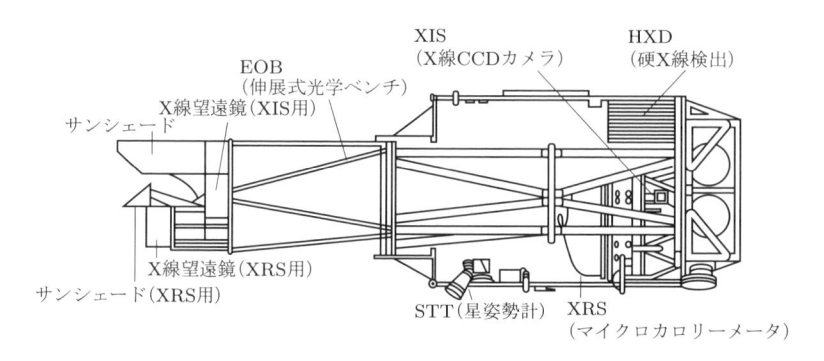

(b) 構造

図 8.8 すざく (ASTRO-E-II)[32]

eV である．一方，XRS は，X 線マイクロカロリーメータを並べたもので，CCD カメラと同程度のエネルギー帯域をカバーし，分解能は 12 eV である．

X 線望遠鏡 (XRT) は，基本的な原理は図 8.5 に示したあすかと同じであるが，あすかに比べて精密な撮像能力とより広い有効面積をもっている．直径は 40 cm で，その焦点距離は XRS 用が 4.5 m，XIS 用が 4.75 m である．硬 X 線検出器は，高エネルギー ($10\sim700$ keV) の X 線を観測するために開発されたもので，特殊なシンチレータ[1]とシリコン PIN フォトダイオードを組みあわせた検出器である．

---

1) 特殊な蛍光物質が含まれている薄いプラスチック板．電気を帯びた素粒子が通過するとかすかな青い光 (シンチレーション光) を出す．

これらのすざく観測機器の仕様を表 8.1 に示す．

表 8.1 すざく観測機器の仕様

	XRS	XIS	HXD
エネルギー領域	0.5 ～ 12 keV	0.4 ～ 10 keV	10 ～ 700 keV
センサの数	1	4 (CCD チップ当たり)	1 (16 ユニット)
ピクセル数	36 (2 × 18)	1024 × 124	—
ピクセルの大きさ	0.94 × 0.24 mm	19 × 19	—
センサ当たり有効面積	190 cm^2	1300 cm^2	160 cm^2 (> 30 keV) 330 cm^2 (> 40 keV)
エネルギー分解能力	12 eV	130 eV	3.5 keV (10 ～ 49 keV)
視野	1.9 × 4.2	19 × 19	0.8°
撮影能力他	2 × 18 ピクセル	—	0.56° × 0.56° < 100 keV 4.6° × 4.6° > 200 keV

■ ■ ■ 演習問題 ■ ■ ■

8.1 人体を透過できる X 線が，大気を透過できない理由を説明せよ．

8.2 次の文章のうち，正しいものには○を，誤っているものには×を選びなさい．

1) 宇宙に存在するエネルギーは常に一定である．
2) X 線マイクロカロリーメータは医療検査と同様に，写真感板を用いる．
3) X 線マイクロカロリーメータは X 線による素子の温度上昇により測定する．
4) X 線 CCD カメラは一般の家庭用 CCD カメラと同じ原理を使用している．
5) 現在稼働している日本の X 線観測衛星はあすかである．

9 宇宙環境利用

宇宙環境としては，無重力，超真空，極低温などがある．超真空，極低温とも地上でつくることができるが，無重力環境は，地上では数秒から数分間つくることが限界である．この章では，宇宙無重力環境を利用した材料実験および生化学実験について簡単に述べる．

9.1 宇宙材料実験

無重力といっても，実際に重力がなくなるわけではなく，第1章で述べたように，軌道上では円運動によって外に飛び出していこうという遠心力と，地球に引っ張られる重力とが釣り合って，見かけ上，無重力のような状態になっているだけである．重力がないと重さがないようにみえるから，本来なら，無重量状態というべきであろうが，慣習として，無重力状態とよぶことが認められている．宇宙船のなかで人が生活すると，重力の乱れが生じるため，実際に利用できる無重力は地上の重力加速度 g の $10^{-4} \sim 10^{-5}$ 程度であり，われわれはこのような重力を微小重力 (microgravity) とよぶ．

微小重力が流体におよぼす効果を表 9.1 にまとめる．微小重力下では熱対流が起こらず，比重差のある液体を混合しても重力差による分離が起こらない．流体の上下で圧力差が生じないので，どの場所をとっても流体内の圧力は同じである．

表 9.1 微小重力が流体におよぼす効果

効　果	利　点
1) 無浮力/無沈降	① 比重差による相分離が減少するので，均質に混ざり合う ② 比重差による浮上沈降が減少するので，電気泳動による分離が容易となる
2) 静水圧の減少	① 自重による液体の変形が減少する ② 結晶成長において，静水圧による格子欠陥を減少できる ③ 静水圧の効果に比べ，表面張力の効果が顕著になる
3) 熱対流の減少	① 混合固体を溶融しても，成分の均一性が保たれる ② 対流による熱伝達が減少するので，加熱して得られた融体の一方向凝固が容易になる ③ 物質移動における拡散の効果が顕著になる
4) 浮遊効果	① 無容器溶融が可能となり，高純度物質の製造が容易になる

9.1.1 マランゴニ対流

微小重力下で現れる現象のなかで，最も有名なものがマランゴニ(Marangoni)対流である．宇宙材料実験では，物体を加熱して溶かしたり，冷却して凝固させるプロセスをふくむことが多い．物体の表面には表面張力が働いていて，表面の原子は互いに引き合っていると考えられる．この力によって，水滴は球状になることはよく知られている．表面張力の大きさは，高温になるほど小さくなっていく．液体の表面に温度差があると表面張力の差によって，高温部から低温部へと流れが生じる．この流れをマランゴニ対流とよぶ．をたとえば，溶融凝固によって結晶成長を行う実験の場合，試料中に大きな温度勾配を与えるため，表面に激しいマランゴニ対流が生じてしまう．地上では，融体内の温度差によって生じる比重差による熱対流があるため，マランゴニ対流は隠されて見ることができない．マランゴニ対流をうまく止めなければ，結晶の完全育成は難しい．

9.1.2 浮遊溶融技術

微小重力下では物体は空間に浮遊する．この特性は，材料製造の研究の手段としては魅力的である．とくに，浮遊状態で固体を溶融凝固させるプロセスは無容器処理とよばれ，物体の純度を維持しながら熱処理することができるので，高純度材料の製造に適している．

炉内の試料を無接触で定位置に移動させたり，また，定位置からずれた試料をもとに戻す必要がある．このような場合，たとえば $10^{-6}\,g$ の加速度が一方向に60秒間働くと，浮遊している物体は18 mm移動し，その速度は0.6 mm/sである．10^{-4} の場合は，176 cm移動し，速度は60 mm/sである．微小重力が製造プロセスに大きな影響を与えることがわかる．物体を浮遊させる方法として，電気的な方法と音響的な方法がある．ここでは，NASDAが開発し，石川島播磨重工業が製作した音波浮遊炉を図9.1に紹介する．

中央に内径40 mmの石英製保護管を置き，約1気圧のクリプトンガスを満たしておく．クリプトンは化学的に安定な密度の大きい不活性ガスである．管の下部に超音波発信器(スピーカー)がとり付けられている．発信された超音波は上部のマイクロホン内蔵反射板で反射する．周波数を適当に選ぶと，入射波と反射波の干渉によって定在波が生じる．定在波のなかに浮遊状態の試料を入れると，試料は音圧の極小の位置に落ち着く．以上が音波による位置制御の原理である．

試料の加熱はハロゲンランプからの光の集光によって行う．定在音波のモードを乱さないためには，試料はなるべく小さく，球状のほうがよい．クリプトンガスはガラス管に閉じ込めるのではなく，ガラス管を冷却するために流される．ガスを流すと試

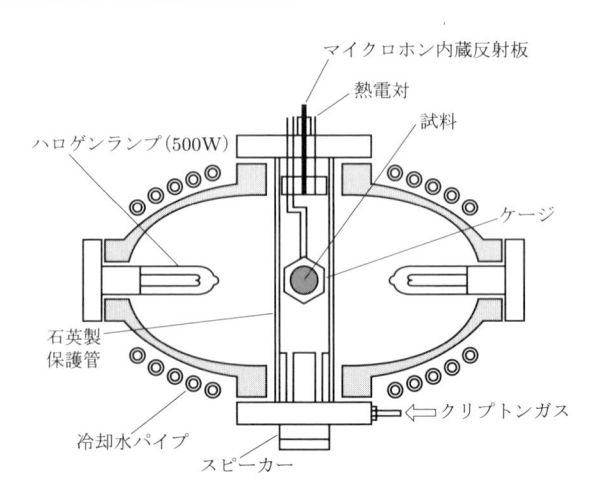

図 9.1 音波浮遊炉の概念図

料は流れの方向に押されるので，定在波によってそれを押し戻す必要がある．

9.2 バイオテクノロジー

宇宙バイオテクノロジーといった場合，宇宙環境の特徴を生かして実験が行えるさまざまな分野があるが，ここでは，タンパク質の結晶成長について述べる．

タンパク質の結晶化は，生体高分子溶液に結晶化剤を加えるか，溶剤を除去して過飽和状態をつくり出し，静置して結晶化を進行させる方法で行う．高分子物質であっても結晶化させ，X線回析などで分子間距離，分子相互の立体情報を取得することで，物質の原子レベルの三次元構造を解析することができる．この三次元の構造情報は，医薬品の作用メカニズムの解析，さらに新しい医薬品の分子設計（ドラッグデザイン）などには必須のものである．さらに遺伝子工学を利用して生産される物質が，それまで知られている物質と立体構造が同じであるということを証明するためにも，三次元構造を解析しなければならない．

9.2.1 宇宙実験の意義

生体高分子の結晶化は，通常，生体高分子溶液から行うもので，材料科学の分野での溶液からの結晶成長と同様である．構造解析の手法としてはX線解析が普通であるが，最近では，中性子線解析によりさらに詳細な構造解析が可能になってきている．この手法で解析するためには，生体高分子の結晶を少なくとも 1～5 mm の大きさに成長させなければならない．

しかし，重力下での結晶化法では，ある程度まで結晶が成長すると，結晶近傍の溶

液の密度が下がり，周辺の液体との交換が起こり，結晶質の濃度の揺らぎが生じる．結晶表面周辺での結晶質濃度の変化が起こるために，結晶の成長が均一でなく，欠陥度が高くなる．また，溶液との密度差のため結晶が沈降し，容器の壁と接触するために結晶の成長が不均一となり，構造解析の精度が下がり，重要な情報が得にくくなる．

宇宙での微小重力の場では，このような密度差による対流と沈降が起こらないので，大型で完全なタンパク質をつくることができる．この結晶を用いて，X線解析や中性子解析方法により構造決定を行えばよい．

欧州宇宙機関 (ESA) がスペースシャトルを利用して行った D-1 実験では，液-液拡散法により，地上実験により得られた結晶の 1000 倍の結晶が得られたと報告されている．これは体積で 1000 倍なので，長さでは 10 倍であるが，結晶の欠陥も少なく，宇宙実験の意義が明らかにされたといえる．

■ ■ ■ 演習問題 ■ ■ ■

9.1 微小重力が流体におよぼす効果を四つ挙げよ．
9.2 $10^{-5}\,g$ の微小重力が一方向に 60 秒かかった場合，炉内の試料の移動距離と 60 秒後の速度を求めよ．

コラム｜宇宙環境利用実験は有効か？

宇宙環境利用は，時間とお金の両面から実は岐路に立たされている．わが国の宇宙環境利用実験は，スペースシャトルを利用して 1986 年に行われる予定で，1980 年にテーマの募集が行われた．予算が認められるのが遅れて，結局 1988 年に実施する予定に改められた．ところがそれもさらに 1 年遅れて，チャレンジャーの事故の影響で 91 年に延び，アメリカの国内事情によりまた 1 年延び，最終的に第一次材料実験 (FMPT) は 1992 年 9 月に実施された．進歩の早い材料研究の分野において，発想から結果が出るまでの 12 年間は，研究者にとってとてつもない時間のロスであった．また，有人のスペースシャトルに搭載するために要求される安全対策にかかるコストもまた膨大であった．このことは，宇宙環境利用実験計画の初期に予想されていたコストを大幅に上まわるもので，その額は関係者にとって衝撃的なものであった．コストの大部分はシャトルの運行費でもあったが，シャトルの運行費があれほど高くなるのも，初期には予想されていなかった．

いままた，国際宇宙ステーションを利用した宇宙環境利用がはじまろうとしている．宇宙ステーション計画は，第 10 章においても触れるが，1984 年の構想開始からすでに 20 年以上経過したが，いまだに運用されていない．ステーションに機材を運搬するのは，多くはスペースシャトルに頼る計画であるから，宇宙環境利用実験のコスト問題は未解決のままである．ひとつの実験を負担するには，大学の研究費の枠を超えてしまっているため，政府の大規模な支援なしには宇宙環境利用実験は成立しない．

材料実験に限っていうと，重力が物質におよぼす影響はもともとそれほど大きなものではない．化学反応そのものにおよぼす影響はほとんどないと考えてよい．したがって，宇宙で，地上では得られないようなまったく新しい反応が起こることはほぼ期待できない．われわれの宇宙材料実験は，いまだに物質実験であって，材料製造の段階に達していない．宇宙発の新材料はいまだ得られていない．われわれは，どこに行こうとしているのか？

10 国際宇宙ステーション

　国際宇宙ステーション (ISS:international space station) 計画は，アメリカ航空宇宙局 (NASA) がポストアポロ計画として開発したスペースシャトルを活用して，宇宙に恒久的に滞在できる拠点を建設することを提唱したのがはじまりである．本章では，建設中の国際宇宙ステーションの現状とその基本計画について述べる．

図 10.1　国際宇宙ステーション (2006 年 5 月 16 日)
(NASA ホームページより)[33]

10.1 国際宇宙ステーションの現状

　国際宇宙ステーション計画は 1984 年から検討が進められ，当初は西側諸国のみで開発に着手したが，その後，アメリカの財政事情の悪化や東西冷戦の終結もあり，ロシアをこの計画に招へいすることにして現在にいたっている．したがって，現在，この計画は，アメリカ，ヨーロッパ，カナダ，および日本の世界 15 ヶ国が参加する国際プロジェクトとなっている．

　宇宙ステーションは，その目的を特定せず，さまざまな宇宙活動に利用できるように設計されている．このため，宇宙ステーションでは，通信，放送，気象，地球観測などの利用に加えて，微小重力や超真空などの宇宙環境利用実験が幅広く実施できるよう配慮されている．すなわち，材料科学，生命科学，物理学などの自然科学分野や

工学分野への貢献が期待できるとともに，宇宙滞在にともなう人類への新しい視点の提供など，人文科学的展開の可能性もある．

宇宙ステーションは完成したら最大 6，7 名の宇宙飛行士が滞在でき，その軌道高度は約 400 km である．この計画にわが国は日本実験モジュール (JEM: Japan experiment module) きぼうを組み付け，宇宙環境実験をはじめ，さまざまな研究を行う予定で参加することになっている．ISS は，1998 年 11 月に最初の要素 (FGB: functional cargo block)，2000 年 7 月にはロシアの居住棟が打ち上げられ，同年 12 月より 3 名の宇宙飛行士の滞在がはじまった．2001 年 2 月にはアメリカの実験棟が打ち上げられ，実験運用も開始された．しかしその後，2003 年 2 月にスペースシャトルコロンビア号の事故があり，その影響により，現在では滞在人員を 2 名にした運用を行っている．2006 年 5 月 16 日に行われたスペースシャトル飛行後の ISS の組立状況を図 10.1 に示す．ロシアが参加することにより ISS へのアクセス手段が増した意義は大きく，シャトルの運用見合わせ中には，もっぱらロシアのソユーズロケットによる人員と貨物の補充が行われた．

10.2　ISS 全体計画

ISS は，組立完了時には図 10.2 に示すような形状になり，全幅約 110 m，太陽電池パネルの長さ約 75 m，全体の質量が約 450 t となる．軌道高度は前述のように約 400

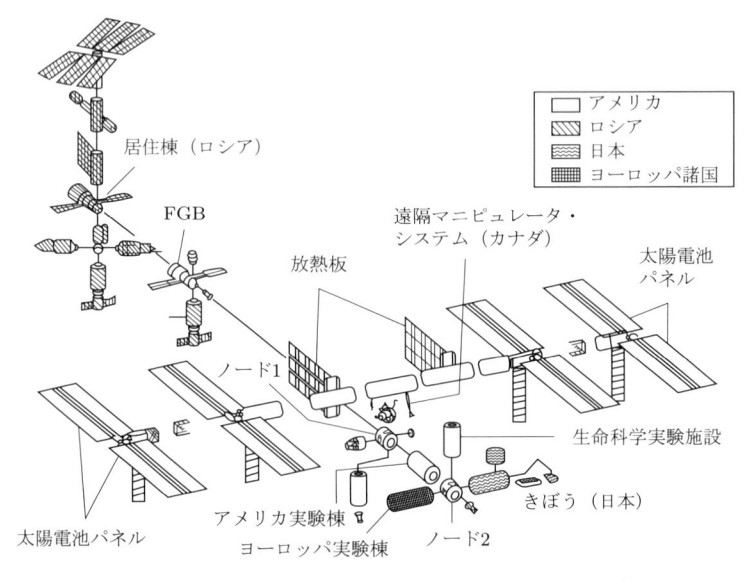

図 10.2　国際宇宙ステーション (ISS) の構成と分担[34]

kmで，軌道傾斜角は当初計画では28°であったが，ロシアの参加により現在は51.6°となっている．この軌道上をISSは約90分で地球を一周する．

組立には，約40回のスペースシャトル，約10回のロシアのプロトンロケットなどの飛行により行われ，運用開始後は日本やヨーロッパのロケットも物資の補給に用いられることになっている．アメリカ，ヨーロッパ，日本の構造体はすべてスペースシャトルで打ち上げられ，軌道上でロボットアームや宇宙飛行士の船外活動により組み立てられるが，ロシアのモジュールはプロトンロケットで打ち上げられ，自動ランデブードッキング技術を用いて組み立てられる．アメリカはトラスとよばれる主構造体のほか，太陽電池パネル，放熱板，有人モジュールを結合するノード，アメリカ実験棟，宇宙飛行士の居住棟を建造し，ステーション全体の電力系，熱制御系，環境制御・生命維持系，通信系などの中枢系を提供する．ヨーロッパは実験棟コロンバスを，カナダはISSの組立を行う遠隔マニピュレータ・システム（ロボット・アーム）を，日本は実験棟を製造する．

1993年からロシアが参加したことは，ISSが有人輸送系で冗長化が実現できたという大きな意味があった．すなわち，ロシアはA-2ロケットの上段に人員輸送の際にはソユーズを，無人の貨物輸送時にはプログレスを搭載して打ち上げることができる．A-2ロケットは古いロケットであるが，打ち上げ実績が1600機を超すロケットで，打ち上げ成功率も高い．このロケットは，図1.1に示したように1段サステーナのまわりに4本の液体ブースターを装備しており，固体ロケットブースターを使用しているスペースシャトルよりずっと安全性が高くなっている．ソユーズは，緊急脱出船としても使用可能であり，現在1機のソユーズが常時ドッキングされている．ソユーズの宇宙滞在能力は200日間であるため，現在半年ごとに交換している．滞在人員が増える将来の最終型では，ソユーズは2機ドッキングされる．

10.3 日本の実験棟JEM

わが国が国際宇宙ステーションに参画する際に決定した基本設計コンセプトは，以下のとおりである．
① 与圧室内での実験機会を提供するだけでなく，宇宙空間に曝露した台においても実験ができるようにする．
② 曝露実験の際には，飛行士の船外活動を少なくするため，遠隔操作用マニピュレータで船内から操作できるようにする．
③ JEM用実験装置を地上から運んだ際，保管するための独自の補給機能をもつ．

これらの基本設計要求に対して検討を重ねた結果，JEM は以下の主要部分により構成されることとなった．
(a) 与圧部
(b) 曝露部
(c) マニピュレータ
(d) 補給部与圧区
(e) 補給部曝露区

JEM の全体構造を図 10.3 に示す．JEM は，生命科学，材料科学，宇宙医学，地球観測，天体観測その他の実験，研究ができる多目的宇宙実験設備となっている．

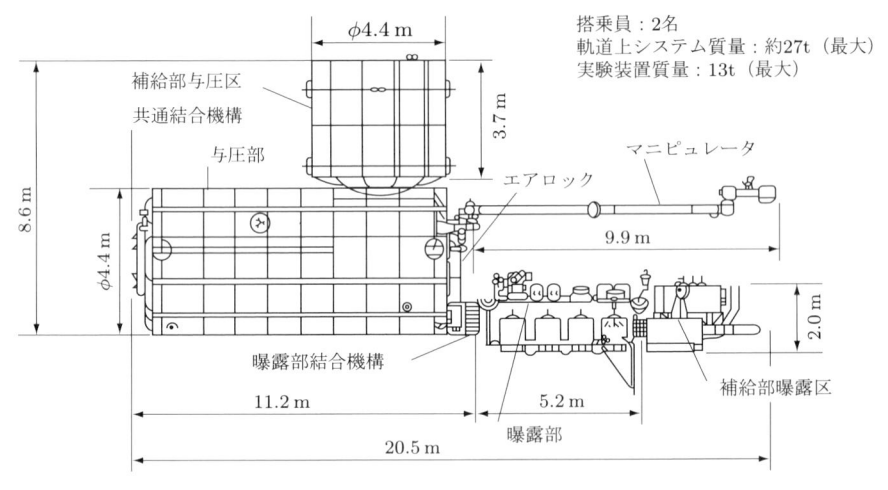

図 10.3 JEM(きぼう) 全体構造 (側面図)[34]

JEM 各部は，分割されスペースシャトルにより打ち上げられ軌道上で組み立てられた後，約 10 年間運用を行う．JEM は，宇宙ステーション本体から電力，排熱などのリソースの提供を受ける以外には自立して実験が可能なように，以下のような機能を備えている．

① 電力系

ISS 本体から直流変換機 (DDCU) を経て，容量 12.5 kW，直流 120 V の電気を 2 系列で受け，与圧部内のシステム機器，実験装置，曝露部，マニピュレータ，補給部などに配電する．

② 熱制御系

JEM 内で発生した熱をスペースステーション本体ノード 2 上に置かれている 2 系列の水/アンモニア熱交換器を通じて，中温で 25 kW，低温で 9 kW までス

テーション本体側に排熱できる．このため，JEM 与圧部内には中温と低温の 2 系列の水循環ループがあり，機器で発生した熱を熱交換器やコールドプレートで集熱する．ステーション本体側では，アンモニア循環ループにより集熱して放熱板から宇宙空間に熱放射する．また，曝露部はフロリナートを冷媒とした冷却系統をもっており，与圧部端に設けられた水/フロリナート熱交換器を通して与圧部の水循環ループに排熱する．

③ 環境制御・生命維持系

ステーション本体から酸素分圧と炭酸ガス分圧が制御された空気をもらい，与圧部と補給部与圧区内を強制循環させ，モジュール間換気により本体に返す．与圧部内の温度は 18～27°C，湿度は 25～70% に制御され，火災検知器を備えている．

④ 管制制御系

与圧部に設置された中央演算処理装置 (JCP: JEM control processor) により，JEM 全体の管理・管制を行う．

⑤ 通信，データ系

ステーション本体の計算機と JCP の通信を通じて，地上からのシステム機器へのコマンドを受けるとともに，JEM 側から地上へ機器状況をテレメータデータとして送る．実験装置については，高速，中速，低速の各データおよびビデオと音声データを送ることができる．

⑥ 実験支援系

与圧部内の実験装置に対して，アルゴン，ヘリウム，炭酸ガスを供給するとともに，装置内の真空排気を行う．

⑦ 構造，機構系

一次構造として与圧有人モジュールがあり，二次構造として隕石・デブリバンパを備えている．

⑧ 衛星間通信システム

JEM から日本のデータ中継衛星 (DRTS: data relay test satellite) を通じて，日本の地上局と直接，双方向通信ができるようになっている．これは，実験データが膨大になることを見越して，⑤ のアメリカのホストコンピュータを通すシステムとは別に設けたものである．

⑨ HTV インターフェース機器

H-Ⅱ A ロケットで打ち上げられる無人貨物輸送機 (HTV: H-Ⅱ transfer vehicle) が ISS に接近，ランデブー飛行するのに必要な機器 (GPS アンテナ，レーザレーダー・リフレクタ，S バンドアンテナ，GPS 受信機，近傍通信システム) を備え

ている.

以上のような機能の支援を受けて，JEM では与圧部内で最大 10 個の実験ラック，曝露部で最大 10 個の実験装置を使用しての宇宙環境実験ができるようになっている.

10.4 電力系

ここでは，ISS の各種機能のうちの電力系について述べる.

ISS は，120 V の直流高電圧電力システムを採用しているが，これは，宇宙船としては世界最大規模のものである. ISS は太陽電池により発電し，ISS の電力変換装置，ケーブルを経由して JEM など各モジュールの制御装置，実験装置などに直流 120 V，ISS 全体で，定常状態で 75 kW の電力分配を行う. わが国の人工衛星のバス電圧は，直流 22〜40 V が主流で，直流 120 V の高電圧バスの電力システム設計は未知の分野であり，宇宙用に認定された部品も存在しなかった. このため，1989 年の開発当初から耐高電圧・耐放射線特性をもつ部品の開発が精力的に進められた.

高電圧よりも，ISS では電力の安定度のほうがより重要であった. これは，従来の小さな宇宙船では問題にならなかったが，ISS では長いケーブルを経由した電力ネットワークとなるため，送受電端の内部誘起電圧の位相角が増大することにより効率的な送電ができなかったり，伝送路の短絡，負荷急変が発生し，安定した電力の供給ができなくなる現象が予測されること，および従来の人工衛星と異なり，電源に接続する負荷が固定されておらず，電源側で負荷とのインピーダンス整合がとれないことなどによるものである.

10.4.1 宇宙ステーションの電力システム

アメリカがおもに担当する ISS の電力システムは，太陽電池，バッテリ，電力変換装置，および切替装置などから構成され，各負荷ごとに割り振りがなされた電力は，コンピュータネットワークにより管理されている. 後に加わったロシア基本モジュール (FGB) は，太陽電池を備えており，ISS の最初の太陽電池パネルがとり付けられるまでの組立フェーズにおける電力供給を担当している.

ISS は，完成後には，四つの太陽電池モジュールから継続的に合計 75 kW の電力が得られる. このほかに，ロシアのモジュールから 20 kW の電力が得られるので，全体では 95 kW の電力供給が可能である. ISS が地球の影に入る蝕の期間は，バッテリから電力供給がなされる. アメリカモジュールではニッケル–水素バッテリ，ロシアモジュールではニッケル–カドミウムバッテリが使用されている. 図 10.4 に電力分配システムを示す.

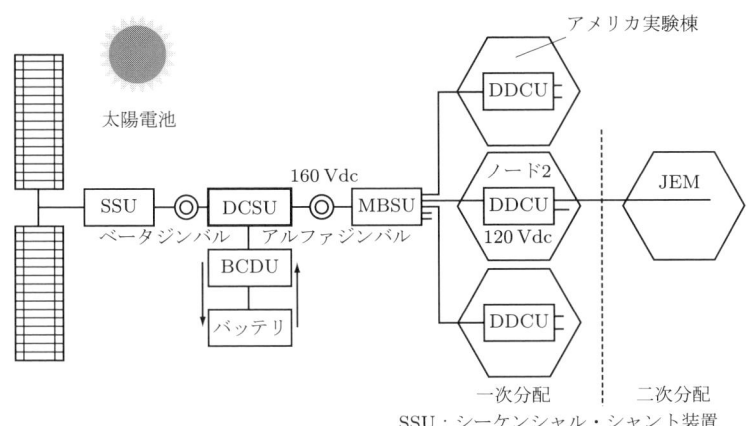

10.4 電力系 **129**

図 10.4 国際宇宙ステーション電力分配システム [35]

　図に示すように，太陽電池 (PV module) から得られた電力は，シーケンシャル・シャント装置 (SSU: sequential shunt unit)，直流切替装置 (DCSU: direct current switching unit) を経由して，160 Vdc で中央の電力分配装置 (MBSU: main bus switching unit) まで送られ，さらにこれらの電力は，アメリカ実験棟 (US lab)，JEM などの各モジュールで直流変換装置 (DDCU: dc to dc converter unit) により，160 Vdc から 120 Vdc に変換されて各モジュールに分配される．昼間には DCSU から分岐してバッテリ充放電装置 (BCDU: battery charge/discharge unit) を経由してバッテリに充電し，夜間にはバッテリから電力を供給する．

　ISS の初期に組み立てられるロシアの FGB は，太陽電池のほかに，電力分配，通信，推進機能をもち，組立初期には 1.2kW，120 Vdc の電力を図 10.2 に示すノード 1 に供給可能である．ISS のバス電圧 120 Vdc 方式に対し，ロシアは 28 Vdc のバス電圧方式であるため，アメリカモジュールへは 28 V/120 V の電圧変換を行って供給している．ISS の組立が進み最初の太陽電池がとり付けられてからは，逆に，アメリカモジュールからロシア側 FGB に電力変換装置を介して電力が送られる．

10.4.2　太陽電池パネル

　宇宙空間で展開される太陽電池パネルは片側 34 m であり，パネルに張られる太陽電池は縦横 8 cm の大きさの薄いプリント基板構造をしており，シリコン製で，電力変換効率は通常時で 14.5 ％である．太陽電池パネルは全部で 8 枚あり，各パネルはこ

の太陽電池を 400 枚使用してひとつの回路を形成し，さらにこの回路が 81 列並列接続で 1 枚の太陽電池パネルとしている．400 枚の太陽電池回路は 8 枚組みの太陽電池で構成されたサブ回路と，これをバイパスダイオードで並列に 50 個接続した回路で構成され，デブリの衝突や放射線による劣化，回路のオープン (断線) が発生しても発生電圧に大きな変動がないよう配慮されている．

　400 枚の太陽電池は，定常で一次電力 160 V を発生する．発生した電力は，ベータジンバルを経由して直流切替装置 (DCSU) に送られ，そこから ISS の各モジュールやバッテリに分配される．ひとつの太陽電池パネルは 4 組で 1 区画のソーラパワーモジュール (SPM: solar power module) を構成し，ISS 全体で SPM は 2 区画の構成となっている．太陽電池パネルは，図 10.5 に示すように，互いに直交した 2 軸のロータリジョイントで太陽追尾を行っている．この直交 2 軸により，ISS の姿勢や太陽方向に依存せずに太陽を追尾することが可能となっている．

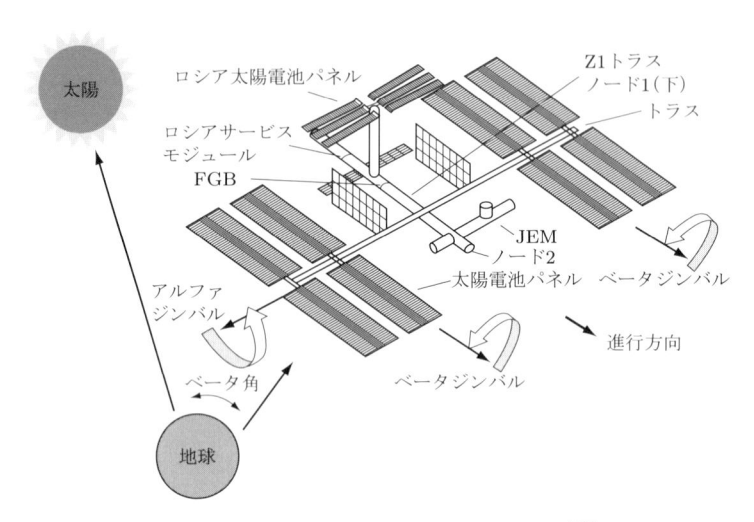

図 10.5　太陽電池パネルと太陽追尾機構 [35]

10.5　デブリ防御構造

　2.4 節で説明したように，宇宙ステーションにとってデブリは非常に危険な存在である．デブリの平均密度は 2.8 g/cm^3，衝突速度は最大 16 km/s，平均 10 km/s であり，一方，メテオロイドの平均密度は 0.5 g/cm^3，最大衝突速度は 83 km/s，平均衝突速度は 20 km/s といわれている．ライフル銃の発射速度が 1 km/s 程度であることを考えれば，これらデブリの超高速衝突から宇宙機器を守ることがいかに困難かわか

る．デブリ防御構造の開発には，超高速衝突による材料の変形破壊挙動の解析と実験による確認が不可欠である．

10.5.1 半無限板への衝突

衝突による変形破壊挙動の解析は，専門書にゆずることとして，ここでは，半無限厚さの板にデブリが衝突する様子を模擬した実験結果を紹介する．図10.6は，炭化タングステンのプロジェクタイル(飛翔体)がターゲットの鉛の半無限板に衝突したときの実験例である．

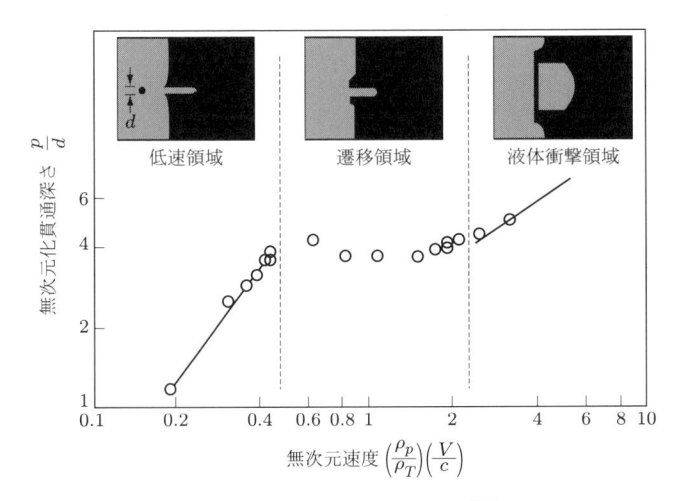

図 10.6 衝撃破壊の実験例[36]

横軸は無次元速度 $\left(\dfrac{\rho_p}{\rho_T}\right)\left(\dfrac{V}{c}\right)$ で，ρ_p, ρ_T はそれぞれプロジェクタイル，ターゲットの密度，V は衝突速度，c はターゲット中を伝わる応力波の速度である．縦軸の d はプロジェクタイルの直径，p は穴深さである．

低速領域では，プロジェクタイルの強度が衝撃圧力よりも大きく，プロジェクタイルは剛体のままターゲット(この場合，半無限厚さの鉛板)に突入し，速度 V の4/3乗に比例した深さ p の穴をつくる．速度が増大すると，衝撃圧力によってプロジェクタイルが塑性変形するか破壊する遷移領域に入る．さらに速度が増すと，プロジェクタイルとターゲットともに液体に相変化する液体衝撃領域となり，ターゲットに半球状のクレータが生じる．すなわち，プロジェクタイルの速度があまりにも速い場合には，衝突したほうも，また衝突されたほうも，一瞬のうちに融けてしまうことになる．

10.5.2 薄板と防御シールド

宇宙機器の外板を厚くしてデブリを防ぐというアイデアは，板厚が増し質量が過大となるため現実的ではない．宇宙機器の外板を2重とし，外側の薄い外板でデブリの衝突エネルギーを吸収してしまうという対策は，すでに1940年代にアメリカのホイップル (Whipple) により提案されていて，現在でも防御設計の基本的な考え方となっている．その基本モデルを図 10.7 に示す．

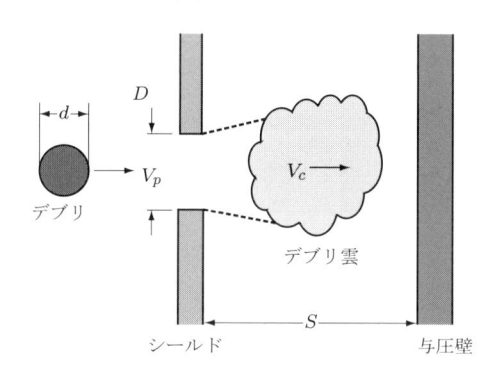

図 10.7 防御シールドの基本モデル

直径 d のデブリがシールド板に速度 V_p で衝突し，シールド板に直径 D の孔をあけて貫通する．次に，デブリとシールド板の貫通部分から生成される球殻状のデブリ雲が，中心速度 V_c で進み与圧壁に衝突する．シールド板が最適値よりも厚いとデブリは融解して液体または気体になっても，シールド板の固体破片がデブリ雲中に混在し，超高速で与圧壁に衝突するため大きな損傷が生じる．また，シールド板が薄すぎると，シールド板の破片が液体または気体になっても，デブリの固体破片がデブリ雲中に存在するため，やはり，与圧壁に大きな損傷を与えることになる．

シールド板を最適に設計すると，デブリもシールド板貫通部も液体または気体になって飛散するため，与圧壁の損傷を最小にすることができる．また，シールド板と与圧壁の距離 S が大きくなると，デブリ雲は与圧壁の広い範囲にわたって衝突するため，衝撃エネルギーが分散されて損傷は少なくなる．

10.5.3 JEM のデブリ防御構造

前項のホイップルの考えにもとづいて設計された JEM のデブリ防御構造を，図 10.8 に示す．

第1層シールド材として，与圧構造殻から約 10 cm 外側にアルミニウム合金の薄板 (デブリダンパ) が，構造体外面の全周にわたってとり付けられている．第2層として，セラミック繊維の織布とアラミド繊維の織布を積層したスタッフィング (stuffing) と

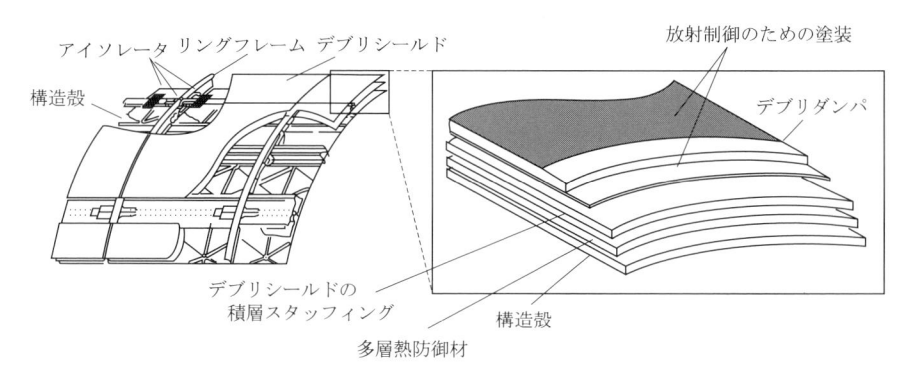

図 10.8 JEM のデブリ防御構造 [37]

よばれる詰物が，ダンパと構造殻の間に配置されている．これらの組みあわせにより，直径約 1 cm のアルミニウム塊がおよそ 12 km/s で衝突しても与圧構造体には貫通孔が生じない設計となっている．

演習問題

10.1 次に示すようなデブリおよびメテオロイドがアルミ合金の宇宙ステーション外板に衝突するときの無次元化貫通深さを図 10.6 により求めよ．ただし，アルミニウム合板のヤング率 $E = 6.17 \times 10^{10}$ N/m^2，密度 $\rho = 2.8 \times 10^3$ kg/m^3 とする．
 (1) デブリ：密度 2.8 g/cm^3，衝突速度 16 km/s
 (2) メテオロイド：密度 0.5 g/cm^3，衝突速度 20 km/s

10.2 デブリを除去する方法を述べよ．またその長所，短所も記述すること．

10.3 デブリを増大させないようにするには，どうすればよいか．

11 信頼性

宇宙機器は一度軌道に投入されたら，故障しても通常簡単には修理できずに，そのまま機能を失ってしまうことが多い．このため，宇宙機器の信頼性を確保するために，宇宙開発の初期から多大な努力がなされてきた．本章では，まず信頼性の定義を与え，信頼性を向上させるための手法について解説する．実際の宇宙開発の現場で行われている信頼性確保に対する手法については，簡単に触れる．

11.1 信頼性の定義

信頼性も信頼度も，英語ではともに reliability である．信頼性は抽象的に，信頼度は確率として信頼の程度を表すものである．

JIS によると，信頼性は「系，機器 (製品) または部品などの機能の時間的安定性を表す度合い，または性質」と定義されている．信頼性は品質の維持に関し，時間をふくむところに特徴がある．信頼性があるということは，ある使用条件で，ユーザーが期待している時間，その品質がきちんと維持されるということである．具体的には「なかなか壊れない」，「長く使える」というような状況をいう (壊れた際の修理の容易さを表す保全度については，宇宙機器において必ずしも一般的でないため，ここではあつかわない)．

11.2 信頼度

いま，ある部品がどれくらい故障しやすいかを知るために，次のような仮想的な実験を行ってみよう．同じ部品を多数用意し，作動させて故障するまでの時間を計測してみるのである．まったく同様につくったつもりでも，材料のばらつき，工程のずれ，使用環境の変化などで故障する時間はまったく同一にはならない．ある特定の時間軸 Δt をとり，その間に故障した個数をカウントしていくと，図 11.1(a) のようなヒストグラムができる (グラフは故障数 N_{ft} を全体の数 N_0 で割った相対故障数で表示している)．また，同時に故障せずに残っている部品の全体に対する割合を残存率としてグラフに示すと，同図 (b) のようなグラフが得られる．この残存率が信頼度であるが，これを時間関数とみたものが信頼度関数 $R(t)$ であり，同図 (b′) に示す．

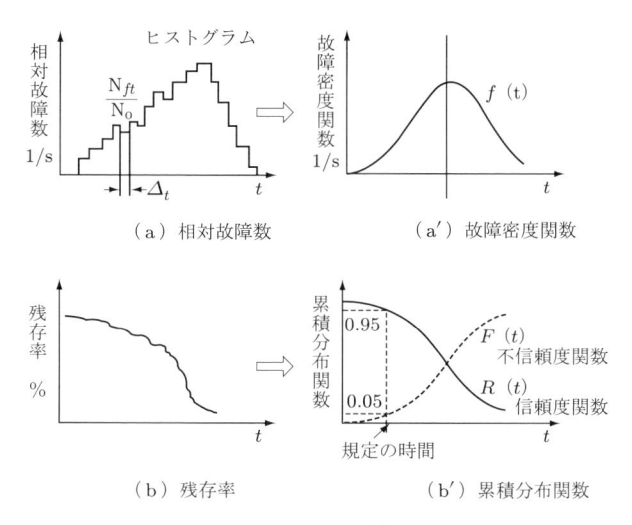

図 11.1 信頼度を定義する関数

$t=0$ の時点では $R(t)=1$ であるが，時間 t が経つにつれて残存数は減っていくので，信頼度関数 $R(t)$ は 1 より減少してゼロに近づいていく．これに対し，故障累積数の全体に対する割合は不信頼度となり，同じくこれを時間関数とみたものは不信頼度関数 $F(t)$ であり，同じく同図 (b') に示している．信頼度は，規定の時間での R の値で，図の例では 95% であり，不信頼度は 5% である．信頼度 $R(t)$ と不信頼度 $F(t)$ とは，相補関係にあるから，

$$R(t) + F(t) = 1 \tag{11.1}$$

となる．

次に，不信頼度 $F(t)$ の時間微分を求めてみる．

$$f(t) = \frac{dF(t)}{dt} = -\frac{dR(t)}{dt} \tag{11.2}$$

この $f(t)$ は，故障密度関数とよばれ，式より明らかなように，$F(t)$ の曲線の傾斜を表していて，単位時間当たりどれくらいの速さで不信頼度が増大しているかを示している．また，$-dR(t)/dt$ の形でいうと，単位時間にどれくらいの割合で信頼度が減少するか，すなわち，$R(t)$ の曲線の傾斜を表している．$f(t)$ は 1/s という単位になっている．$f(t)$ を実際のデータから求めるには，ある時間間隔 Δt の間に相対的に何%故障したかのヒストグラムをつくれば，それが $f(t)$ の推定値となり，n を大きくしていけばやがてなだらかな $f(t)$ 曲線となる．図 11.1 の (a') に $f(t)$ を示す．

11.3 MTTFとメディアン

信頼度は，その時点まで全体の何%が生き残っているかという累積分布である．累積というのは，式(11.2)に示すように，密度関数 $f(t)$ を積分して得られるからである．ここで，故障が起こるまでの平均無故障時間(MTTF: mean time to failure)を考える．MTTF は，$f(t)$ の平均値，すなわち，故障するまでの時間，あるいは無故障時間の平均である．MTTF は $f(t)$ の一次モーメントとして，

$$\mathrm{MTTF} = \int_{-\infty}^{+\infty} t f(t)\,dt \tag{11.3}$$

で与えられる．MTTF は $f(t)$ の中心的傾向(中心と必ずしも一致しない)を表していて，しばしば平均寿命とよばれている．実際に t は，$0 \leqq t < +\infty$ の範囲にあるから，積分範囲は 0 から $+\infty$ までとし，上式を部分積分を用いて書き換えると，

$$\mathrm{MTTF} = \int_0^{+\infty} t f(t)\,dt = \int_0^{+\infty} R(t)\,dt \tag{11.4}$$

となる．

もし，$f(t)$ の分布が正規分布のような左右対称の分布であれば，$R(t) = F(t) = 0.5$ に対応するメディアン(中央値) M と MTTF は一致する．

11.4 故障率

信頼性の議論のなかでしばしば使用される故障率 $\lambda(t)$ とは，次の式で定義されるものである．

$$\lambda(t) = \frac{f(t)}{R(t)} = \frac{-dR(t)}{dt}\frac{1}{R(t)} \tag{11.5}$$

故障率と故障密度関数 $f(t)$ との違いは，分母に $R(t)$ をもってきたところであり，どちらも 1/s の単位をもっている．$f(t)$ は，全体に対する単位時間当たりの信頼度の減少(不信頼度の上昇)を示すが，$\lambda(t)$ は，現時点での $R(t)$ に対して，それがどのように変化していくかを示している．すなわち，現在，残存している比率のうち，どれくらいが単位時間当たり故障していくかを示している．

式 (11.5) を積分すると，

$$R(t) = \exp\left(-\int_0^t \lambda(t)dt\right) \tag{11.6}$$

となる．信頼度 $R(t)$ はさまざまな形をとれるが，累積故障率 $f(t)$ の指数形になるのは重要である．$\lambda(t)$ は，式 (11.5) から $R(t)$ を微分すれば求められるが，逆に $\lambda(t)$ を

時間積分して式 (11.6) から $R(t)$ が決まるわけで，$\lambda(t)$ の形がわかれば，$R(t)$ は容易に求められる．

11.5　浴槽曲線

　故障を予測して，その前に部品を交換してしまうような予防保全を行わないシステムの故障率は，図 11.2 のような傾向となる．はじめ故障率の高い初期故障期，安定してほぼ一定になる偶発故障期，および構成部品の老化によって故障率が上昇する摩耗故障期の三つの時期が現れる．

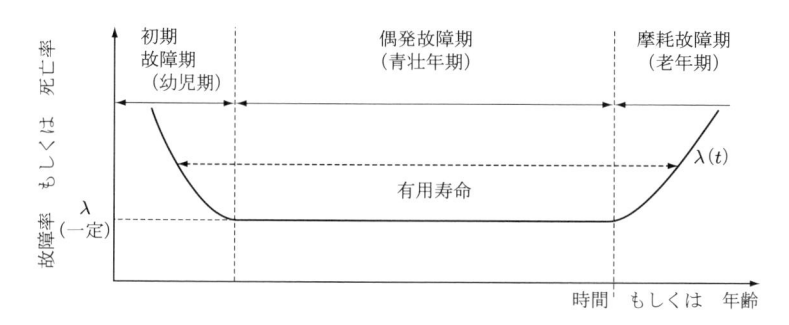

図 11.2　予防保全を行わないシステムの故障率

　初期故障期では，装置のなかに潜在していた設計ミス，製造工程での見落としなど，さまざまな欠陥が使用のはじめにでてくるもので，なるべく早くこの虫だし (debugging) を行って，装置の動作を安定化させる必要がある．

　偶発故障期は，初期に装置の故障原因が除かれてしまい，コントロールや予知が不可能な原因だけで故障する状態である．$\lambda(t)$ が時間的に一定で，故障は予測不可能になり，どの時間でもほぼ一定の割合でランダムに起こるので，この時期を偶発故障期とよんでいる．この期間は故障率が低く，安定しているため装置を安心して使える．故障率が規定の故障率より低いこの間を有用寿命または耐用寿命とよぶことがある．

　摩耗故障期は，固有の寿命がきて，集中的に故障が増加する状態である．宇宙機器のように保全不可能または著しく困難な装置は，故障率の大きさや耐用寿命の長さをはじめから要求に合うように装置につくり込んでおかなければならない．

　この故障曲線は，人間の寿命パターンに似ている．人間は幼少期にはいわゆる幼児死亡率が高いが，やがて成長すると最も健康な青壮年期となり，事故や一部の病気などの偶発要因で死亡することがおもな死因となる．しかし，老年となると臓器の老化により死亡率が急上昇することになる．この故障率の曲線は，浴槽の形に似ているので浴槽曲線 (bath-tub-curve) とよばれている．

11.6 指数分布

図 11.2 の浴槽曲線において，非保全系の製品やシステムの偶発故障期には，故障率 $\lambda(t)$ は一定で，最も小さい値となる．故障率が一定となるケースは，信頼性の解説ではたびたびとり上げられるので，信頼度および MTTF を求めておく．

故障率が一定であると，式 (11.6) において，$\lambda(t) = \lambda$ とすると，

$$R(t) = \exp\left(-\int_0^t \lambda \, dt\right) = e^{-\lambda t} \tag{11.7}$$

となり，信頼度が指数分布となる．この場合，

$$\mathrm{MTTF} = \int_0^\infty R(t) \, dt = 1/\lambda \tag{11.8}$$

となる．この MTTF の値を t_0 とすると，

$$\mathrm{MTTF} = t_0 = 1/\lambda \tag{11.9}$$

であるから，$R(t)$ は，

$$R(t) = e^{-\lambda t} = e^{-t/t_0} \tag{11.10}$$

となる．

ちょうど MTTF の時点で，$R(t) = e^{-1} = 0.368$ となる．すなわち，MTTF は信頼度 37% の点に相当する．しがって，たとえば，MTTF = 1000 時間の製品があった場合，MTTF が平均寿命を表すからといって，どの製品も 1000 時間くらいで故障すると考えることは誤りである．MTTF の時点では，すでに 63% も故障してしまっているのである．故障させたくなかったら，信頼度の高い領域での使用を考えるべきであろう．平均寿命の 10% の時点 ($t = t_0/10$) では，信頼度 R は 0.904 であるが，平均寿命の 1% の時点 ($t = t_0/100$) では，R は 0.990 に向上する．

11.7 システムの信頼性

ある装置やシステムなどの全体の機能を，その機能にとって不可欠な独立な要素に分割して，その要素の連結の仕方について考えるとき，図 11.3 に示す二つの基本的なモデルが存在する．直列モデルおよび並列モデルである．

11.7.1 直列モデル

直列モデルは，たとえば，2 段ロケットで人工衛星を打ち上げるような場合である．第 1 段ロケット，第 2 段ロケット，衛星分離機構などの機能は，どれひとつ欠けても，

（a）直列モデル　　（b）並列モデル

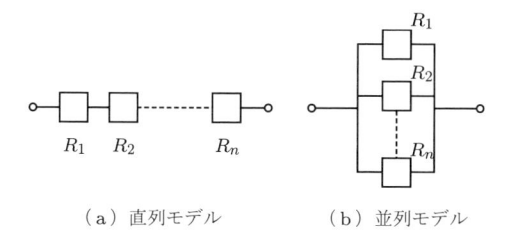

図 11.3 直列モデル，並列モデル

衛星打ち上げは失敗してしまうので，これらの独立した機能は直列に並んでいると考えられる．

一般に，n 個の要素からなる直列システムの信頼度 R は，各要素の信頼度 R_i の積となる．要素 (部分) の無故障の同時確率が，全体の信頼度になるからである．

$$R(t) = \prod_{i=1}^{n} R_i(t) \tag{11.11}$$

上の例では，第1段ロケット，第2段ロケット，衛星分離機構とも 0.9 の信頼度であれば，全体の信頼度は $0.9 \times 0.9 \times 0.9 = 0.729$ となる．このように，直列モデルは，部分と全体をつなぐ最も基本的なモデルである．全体の故障率は，

$$\lambda(t) = \sum_{i=1}^{n} \lambda_i(t) \tag{11.12}$$

となり，故障率の和の形となる．

直列モデルは，システムの複雑性が増すと信頼度が低下するという事象を明瞭に表している．このモデルは，全体の信頼度を各部分信頼度に割り振り，各部分の信頼度を決めるいわゆる信頼度配分の作業，またその逆に，各部分の信頼度を総合して全体の信頼度を予測するという仕事の基本となっているモデルである．この直列モデルは，力学的な鎖のモデルになっていて，鎖を構成する要素であるリングのどれかひとつでも切れると，全体が機能を失うという関係を表している．

また，最初に切れるリングは，全体のなかで最も弱いリングであるという意味で，最弱リングモデルともよばれる．さらに，切れる最弱リングは，ほかのリングのうちで最も寿命が短く，鎖はこの最弱リングの寿命により左右されるから，最小寿命系とみることもできる．鎖を構成する n 個のリングの故障がすべて偶発故障によって起こるとし，その際の平均寿命がすべて等しく $\text{MTTF}_{\text{ring}}$ とすれば，全体の平均寿命 MTTF は，$\text{MTTF} = \dfrac{\text{MTTF}_{\text{ring}}}{n}$ となってしまう．

11.7.2 並列モデル

並列モデルは，同じような機能をもった要素 ($i=1,2,\cdots,n$) が図 11.3(b) のように並んでいて，左から入った信号や流れが右に抜けるときに，たとえ，どこかが壊れても残った要素がある限り，全体として故障状態にはならないというモデルである．このシステムが故障するのは，システムを構成している n 個の要素がことごとく故障したときである．これを不信頼度 $F(t)$ で表すと，$F(t)$ は n 個の故障の同時確率として計算でき，信頼度 $R(t)$ は 1 から $F(t)$ を引いて，

$$F(t) = \prod_{i=1}^{n} F_i(t) \tag{11.13}$$

$$R(t) = 1 - F(t) \tag{11.14}$$

と求めることができる．信頼度 0.9 のものを並列に三つつなぐと，

$$F = 0.1 \times 0.1 \times 0.1 = 0.001$$

$$R = 1 - 0.001 = 0.999$$

となり，直列モデルに比べて信頼度が大幅に改善されることがわかる．ただし，並列個数をこれ以上増やしても信頼度の改善は微々たるものであるため，単純な並列の個数は 2，3 個とすることが多い．

n 個の並列モデルは，ひとつでも機能を果たすことができる系にさらに $n-1$ 個の余分の機能を追加して信頼度を上げようとするわけであるから，冗長系の基本モデルと考えられる．直列モデルが力学的鎖にたとえられたように，並列モデルはいくつかのワイヤーによって支えられるロープモデルに対応している．すなわち，ひとつのワイヤーが切れても全体として機能を失うことはない．ただし，実際にひとつのワイヤーが切れると，残ったロープに負荷が余分にかかるので，厳密には並列モデルどおりではないが，原理的には理解できると思う．直列モデルでは，最小寿命点で鎖が切れることに対して，並列モデルでは最強のロープが切れたところで系が機能を失うので，最大寿命系とみなせる．系の素子故障がすべて偶発故障で起こるとし，その際の MTTF がすべて等しく $\text{MTTF}_{\text{rope}}$ とすると，系全体の MTTF は，

$$\text{MTTF} = \text{MTTF}_{\text{rope}} \times \left(1 + \frac{1}{2} + \frac{1}{3} + \cdots + \frac{1}{n}\right)$$

となる．

このほかの冗長系としては，待機冗長と m out of n 冗長があるが，詳細は専門書にゆずる．

11.8 信頼性活動

宇宙開発では，製品やシステムの構想，企画の段階から，製造工程前の設計において，その製品やシステムに固有の信頼性を織り込んでおくことが大変重要である．固有の信頼性は，部品材料の選択，認定，冗長をふくめたシステムの構築，製造方法に依存しており，単に製造工程の管理を中心とした品質管理では確立できないものである．

宇宙機器の信頼性で設計が重視されるのは，長い開発期間を費やして宇宙空間に打ち上げたものが，事故や故障を起こしてからでは遅すぎるためである．時間流れのなかの品質としての信頼性は，製品やシステムの企画，設計，開発というような製造工程前の設計段階でしっかり評価，解析しておかなければ手遅れになってしまう．そのため，事前に信頼度を各部分に割り振り，開発ステップの各段階で要求された信頼度に達するよう計画し，試作からフライトモデルの製作まで，解析，評価をくり返していかなければならない．

信頼性は，設計段階で決まるが，宇宙システムとして完成させるための製造・試験段階，および打ち上げなどの運用段階における信頼性業務も不可欠である．このため，開発の初期から運用終了まで，プロジェクトのライフサイクル全体に多くの信頼性業務を，整合性をもって配置することが必要となる．旧宇宙開発事業団 (現宇宙航空研究開発機構，JAXA) は，NASDA-STD-17 信頼性プログラム標準にもとづいて，このような宇宙開発システムの信頼性活動を行っている．

●例題 11.1 ●

図 11.4 のシステム並列と要素並列の信頼度を比較せよ．ブロック内の数値は，各要素の信頼度を表している．

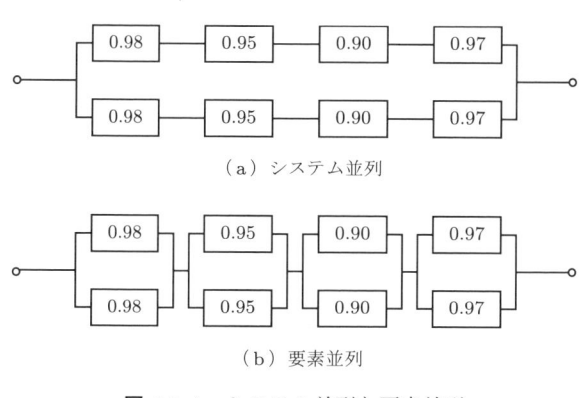

(a) システム並列

(b) 要素並列

図 11.4 システム並列と要素並列

解 システム並列の信頼度は，直列のシステムが二つ平行に並んでいるので，その信頼度は，まず，上の直列の信頼度を求め，それが並列になっているとして解く．

$$R_a = 1 - (1 - 0.98 \times 0.95 \times 0.90 \times 0.97)^2 = 0.964942$$

要素並列は，二つの要素からなる並列系の信頼度をまず求め，それが直列になっているとして解く．

$$R_b = [1-(1-0.98)^2] \times [1-(1-0.95)^2] \times [1-(1-0.90)^2] \times [1-(1-0.97)^2] = 0.986241$$

したがって，

$$R_b = 0.986241 > 0.964942 = R_a$$

となり，要素並列のほうが信頼度は高い．

●例題 11.2 ●

図 11.5 に示すような，一液式推進系の全体の信頼度 $R(t)$ を求めよ．数値は各コンポーネントの信頼度である．

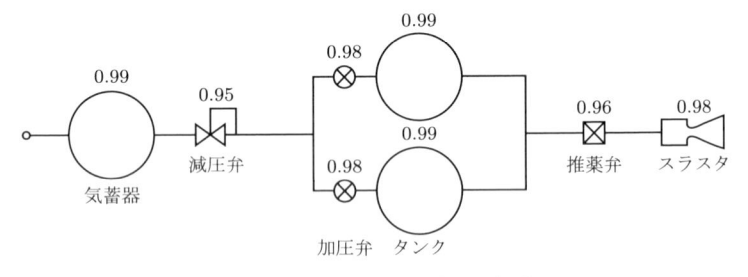

図 11.5 一液式推進系の信頼度

解 系は，直列と並列の混在しているシステムである．システムを三つの部分に分ける．
① 気蓄器と減圧弁：直列であるから $R_① = 0.99 \times 0.95 = 0.9405$
② 加圧弁とタンク：並列であるから $R_② = 1 - (1 - 0.98 \times 0.99)^2$
③ 推薬弁とスラスタ：直列であるから $R_③ = 0.96 \times 0.98 = 0.9408$
以上の①，②，③は直列であるから，全体の信頼度 R は，

$$R = 0.9405 \times [1 - (1 - 0.98 \times 0.99)^2] \times 0.9408 = 0.884036$$

このように，各コンポーネントの信頼度が高くても，システムとしての信頼度は複雑になればなるほど低下していく．この例では，減圧弁と推薬弁の信頼度を上げることが重要となる．

演習問題

11.1 図 11.6 に示すシステムの信頼度を求めよ．数値は各コンポーネントの信頼度である．

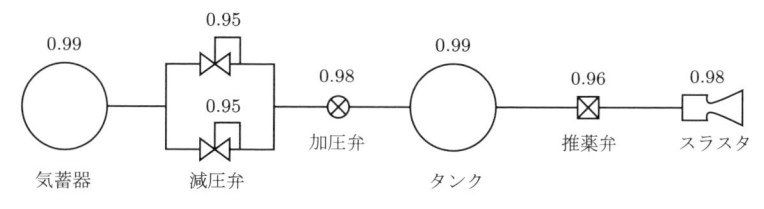

図 11.6 加圧供給系システム (減圧弁並列)

11.2 図 11.7 に示すシステムの信頼度を求めよ．数値は各コンポーネントの信頼度である．

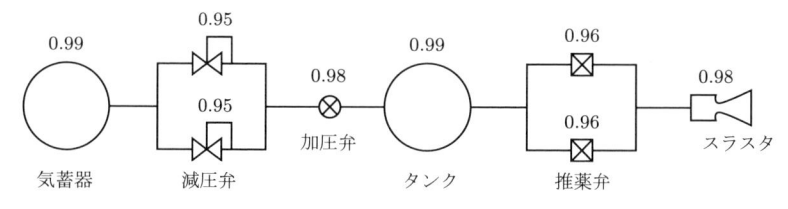

図 11.7 加圧供給系システム (減圧弁，推薬弁並列)

演習問題解答

第1章
1.1 (ア) スプートニク1号，(イ) 航空宇宙局 (NASA)，(ウ) ガガーリン，(エ) アポロ11号

1.2 ロシアが A-1, A-2 という強力なロケットを使用し，打ち上げを続けたのに対し，アメリカは強力なロケットをもっておらず，打ち上げのたびにロケットまで開発する必要があったため．

第2章
2.1 題意より式 (2.3) に代入し，
$$T^4 = \frac{1}{4}\frac{\alpha}{\varepsilon}\frac{S}{\sigma} = \frac{1}{4}\frac{0.14}{0.92}\frac{1400}{5.67 \times 10^{-8}} = 9.393 \times 10^8$$

これより，
$$T = (9.393 \times 10^8)^{1/4} = 175.0 \text{ K}$$

このように，白色ペイントを使用すると $-98°C$ と低温になるが，実際にはペイントの耐久性もあり使われることは少ない．

2.2 図 2.2 より，$T_\infty = 736$ K の場合，窒素 N_2 約 2%，原子状酸素 O 約 90%，ヘリウム He 約 7%，原子状水素 H 1%以下．$T_\infty = 1253$ K の場合，窒素 N_2 約 10%，原子状酸素 O 約 88%，原子状窒素 N 約 2%．

第3章
3.1 例題 3.2 と同様に，水素は，
$$\frac{20 \times 10^3 \text{ AV} \times 1 \times 24 \text{ h}}{0.79 \text{ V} \times 53.6 \text{ Ah/mol}} = 11335.7 \text{ mol} = 22671.4 \text{ g} = 22.7 \text{ kg}$$

同様に，酸素は 181.4 kg となる．

3.2 人間は1日 830 g の酸素を消費するため，求める酸素量は，
$$830 \times 7 = 5810 \text{ g} = 5.8 \text{ kg}$$

となる．同様に，人間は一日 1000 g の二酸化炭素を排出するので，
$$1000 \times 7 = 7000 \text{ g} = 7.0 \text{ kg}$$

である．水酸化リチウムの理論吸収能力が 0.92 kg CO_2/kg より，求める水酸化リチウムの量は，
$$\frac{7}{0.92} = 7.6 \text{ kg}$$

となる．

3.3 それぞれの物質交換量を計測し，代謝異常が生じた際に，その発生原因の特定を容易にするため．また，一方で発生した有害菌による他方への感染を防ぐため．

第 4 章

4.1 高度 60 km においては，熱は層流熱伝達により伝わるので，伝達量は例題 4.1 と等しくおいて，

$$q_0 = 3 \times \sqrt{\frac{\mu}{\rho a d}} \frac{1}{2} \rho V^3 = 9.110 \times 10^5 \text{ kg/s}^3$$

また，$\rho = 3.06 \times 10^{-4}$ kg/m^3，$V = 6000$ m/s であるから，

$$\frac{1}{2}\rho V^3 C_D = \frac{1}{2} \times 3.06 \times 10^{-4} \times 6000^3 \times 0.5 = 1.652 \times 10^7 \text{ kg/s}^3$$

したがって，式 (4.3) より熱の吸収比 δ は，

$$\delta = \frac{\dot{q}}{\frac{1}{2}\rho V^3} \frac{1}{C_D} = \frac{9.110 \times 10^5}{1.652 \times 10^7} = 0.0551$$

となる．結果を図 4.7 にてチェックしていただきたい．

4.2 吸収法，アブレーション，放射冷却，強制冷却

吸収法は，強い加熱を短時間に受ける場合に用いられる方法で，構造材に断熱材と吸熱材を取り付けた単純な構造である．初期のマーキュリーカプセルに使用された．

アブレーションは強い加熱を長時間受ける場合に用いられ，構造材の外側に貼り付けた複合材がガス化し気化熱を奪われることで，構造材を守る熱防御法である．アポロ宇宙船に利用された．

放射冷却は，弱い加熱を長時間受ける場合に用いられる．放射外板とよばれる表面を高温に保ち，放射平衡温度にすることでそれ以上の熱の進入を防ぐ．材料の変質，損耗がないため再利用が可能である．スペースシャトル・オービタに利用された．

強制冷却は，冷却剤を用いて冷却するため，異常に高い加熱を受ける際に有効であるが，システムの複雑さと冷却剤の携行が必要なため，実用化にはいたっていない．

第 5 章

5.1 パーキング軌道での円軌道速度 V_{cp} は，演習問題 7.1 より 7.78 km/s である．トランスファ軌道の 近地点高度 $= 200$ km，遠地点高度 $= 35785.5$ km であるから，長径 a および離心率 e は，

$$a = \frac{r_{tp} + r_{ta}}{2} = \frac{200 + 6378.1 \times 2 + 35785.5}{2} = 24370.8 \text{ km}$$

$$e = \frac{r_{ta} - r_{tp}}{2a} = \frac{35785.5 - 200}{2 \times 24370.8} = 0.730$$

である．ここで r_{tp}, r_{ta} はトランスファ軌道の近地点，遠地点高度である．近地点，遠地点における速度は，式 (7.15), (7.16) より，

$$V_{tp} = \sqrt{\mu \frac{1+e}{a(1-e)}} = \sqrt{3.986 \times 10^5 \frac{1+0.730}{24370.8 \times (1-0.730)}} = 10.23 \text{ km/s}$$

$$V_{ta} = \sqrt{\mu \frac{1-e}{a(1+e)}} = \sqrt{3.986 \times 10^5 \frac{1-0.730}{24370.8 \times (1+0.730)}} = 1.597 \text{ km/s}$$

また，静止軌道での円軌道速度 V_{cs} は，式 (7.21) より，

$$V_{cs} = \sqrt{\frac{\mu}{a}} = \sqrt{\frac{3.986 \times 10^5}{35785.5 + 6378.1}} = 3.074 \text{ km/s}$$

以上より，パーキング軌道からトランスファ軌道に移る際に必要な増速量は，式 (7.44) より

$$\Delta V_1 = \sqrt{V_{cp}^2 + V_{tp}^2 - 2V_{cp}V_{tp}\cos(30-28.5)}$$
$$= \sqrt{7.78^2 + 10.23^2 - 2 \times 7.78 \times 10.23 \times \cos 1.5} = 2.46 \text{ km/s}$$

トランスファー軌道から静止軌道に移る際に必要な増速量は，

$$\Delta V_2 = \sqrt{V_{ta}^2 + V_{cs}^2 - 2V_{ta}V_{cs}\cos(28.5-0)}$$
$$\times \sqrt{1.597^2 + 3.074^2 - 2 \times 1.597 \times 3.074 \times \cos 28.5} = 1.83 \text{ km/s}$$

となる．

5.2 増速量から，この人工衛星の質量比を求めと，

$$\Delta V = I_{\text{sp}} g_0 \ln \frac{1}{\text{MR}} \quad \text{より} \quad 1830 = 300 \times 9.80 \times \ln \frac{1}{\text{MR}}$$

したがって，MR = 0.5366 となる．質量比の定義より，アポジエンジン停止時の人工衛星質量 M_{cut} は，

$$M_{\text{cut}} = 4000 \times 0.5366 = 2146.1 \text{ kg}$$

以上により，必要推進薬量 M_{pro} は，

$$M_{\text{pro}} = 4000 - 2146.1 = 1853.6 \text{ kg}$$

となる．このように，静止軌道衛星の質量は一般的にトランスファ軌道上の質量の約 1/2 となる．

第 6 章

6.1 太陽センサ，地球センサ，恒星センサ，ジャイロ

6.2 1) ○
2) ×（アメリカは GOSE-E と GOES-W の 2 個を所有．計 5 個である）
3) ×（mass storage system と混同するため，通常 M^{2}S とよばれる）
4) ○

第 7 章

7.1 円軌道速度，

$$V_c = \sqrt{\frac{GM}{a}} = \sqrt{\frac{6.672 \times 10^{-20} \times 5.974 \times 10^{24}}{6378.14 + 200}} = 7.78 \text{ km/s}$$

周期，
$$T = \frac{2\pi a}{V_c} = \frac{2 \times \pi \times (6378.14 + 200)}{7.78} = 5312.5 \text{ s} = 1 \text{ 時間 } 28 \text{ 分 } 32.5 \text{ 秒}$$
脱出速度，
$$V_{es} = \sqrt{2} \times V_c = \sqrt{2} \times 7.78 = 11.0 \text{ km/s}$$

7.2 周回数 13 回の場合の周期 T は，
$$T = \frac{86164.1}{13} = 6628.0 \text{ s}$$
となる．この場合の軌道長径 a は，$GM_E = 3.985 \times 10^5$ であるから，
$$a^3 = \left(\frac{T}{2\pi}\right)^2 GM_E = \left(\frac{6628.0}{2\pi}\right)^2 \times 3.985 \times 10^5 = 4.43 \times 10^{11}$$
$$a = 7624.9 \text{ km}$$
となる．これを円軌道で実現する場合の軌道高度は，
$$h = a - R_0 = 7624.9 - 6378.1 = 1246.8 \text{ km}$$
となる．楕円軌道で実現する場合には，近地点高度が 200 km であるから，
$$h = 2a - 2R_0 - 200 = 2 \times 7624.9 - 2 \times 6378.1 - 200 = 2293.6 \text{ km}$$
である．

7.3 火星の高度 200 km における円軌道速度
$$V_c = \sqrt{\frac{GM_E}{a}} = \sqrt{\frac{6.672 \times 10^{-20} \times 6.416 \times 10^{23}}{3397 + 200}} = 3.44 \text{ km/s}$$
おなじく脱出速度
$$V_{es} = \sqrt{2} V_c = \sqrt{2} \times 3.44 = 4.86 \text{ km/s}$$
月の高度 200 km における円軌道速度
$$V_c = \sqrt{\frac{GM_E}{a}} = \sqrt{\frac{6.672 \times 10^{-20} \times 7.348 \times 10^{22}}{1738 + 200}} = 1.59 \text{ km/s}$$
おなじく脱出速度
$$V_{es} = \sqrt{2} V_c = \sqrt{2} \times 1.59 = 2.24 \text{ km/s}$$

7.4 地球の対恒星自転周期は平均太陽時で 86164.1 秒であるから，周回数 1 回の人工衛星の周期は，
$$T = 86164.1 \text{ s}$$
となる．このときの長半径 a は，
$$a^3 = \left(\frac{T}{2\pi}\right)^2 GM_E = \left(\frac{86164.1}{2\pi}\right)^2 6.672 \times 10^{-20} \times 5.974 \times 10^{24} = 7.495 \times 10^{13}$$
$$a = \left(7.495 \times 10^{13}\right)^{1/3} = 42163.6 \text{ km}$$

したがって，円軌道の高さ h は，
$$h = a - R_0 = 42163.6 - 6378.1 = 35785.5 \text{ km}$$

となる．このように，高度 35785.5 km の円軌道衛星は周回数 1 回の回帰軌道となり，特に軌道傾斜角ゼロの人工衛星は赤道上に停止しているように見えるため，静止衛星とよばれる．

第 8 章

8.1 X 線は可視光と比べると波長が短いため，原子と直接相互作用する．したがって，人体を構成する原子よりも，大気を構成する原子のほうがはるかに多いため，それらの原子との干渉により大気を透過できない．

8.2
1) × (図 8.2 に示したように，太陽の 10 億倍のエネルギーが一瞬で変動する)
2) × (写真感板は，感光に多数の X 線が必要であるため，利用できない)
3) ○
4) ○
5) × (あすかは 2001 年に使用を終了し，現在稼働しているのはすざくである)

第 9 章

9.1 無浮力/無沈降，静水圧の減少，熱対流の減少，浮遊効果

9.2 求める速度 v は，
$$v = at = 10^{-5} \times 9.8 \text{ m/s}^2 \times 60 \text{ s} = 10^{-2} \times 9.8 \text{ mm/s}^2 \times 60 \text{ s}$$
$$= 5.9 \text{ mm/s}$$

求める移動距離 x は，
$$x = \frac{1}{2}at^2 = \frac{1}{2} \times 10^{-5} \times 9.8 \text{ m/s}^2 \times 60^2 \text{ s}$$
$$= \frac{1}{2} \times 10^{-2} \times 9.8 \text{ mm/s}^2 \times 3600 \text{ s} = 176.4 \text{ mm}$$

第 10 章

10.1 ターゲットとなるアルミ合金の密度は 2.8 g/cm³ であり，応力波の伝播速度 c は，
$$c = \sqrt{\frac{E}{\rho}} = \sqrt{\frac{6.17 \times 10^{10}}{2.8 \times 10^3}} = 4694.2 \text{ m/s}$$

であるから，無次元速度は，

デブリ
$$\left(\frac{\rho_p}{\rho_T}\right)\left(\frac{V}{c}\right) = \left(\frac{2.8 \times 10^3}{2.8 \times 10^3}\right)\left(\frac{16000}{4694.2}\right) = 3.40$$

メテオロイド
$$\left(\frac{\rho_p}{\rho_T}\right)\left(\frac{V}{c}\right) = \left(\frac{0.5 \times 10^3}{2.8 \times 10^3}\right)\left(\frac{20000}{4694.2}\right) = 0.760$$

となる．したがって，図 10.6 より，

デブリ　　　　：液体衝撃領域であり，無次元化貫通深さは 5
メテオロイド：遷移領域であり，無次元化貫通深さは 4

となる．

このように，デブリの速度が速いため，実際にぶつかったときの被害は甚大である．

10.2 ① 大きな布団のようなもので吸収してしまう．
② レーザーで溶かしてしまう．
③ ロボット衛星で拾い集める．
④ 大きなもの (使用済みの人工衛星とか) には風船や傘をとりつける．

10.3 ① 不用意にデブリを発生させない．
② 危険な物は残さない (爆発の原因となる燃料は使い切る)．
③ 使わなくなったものは処分する (ロケット上段は落下させ，寿命の尽きた静止衛星は軌道をあげる)．
④ デブリを監視する．

このような行為は，われわれの日常の生活でも大切なことである．将来デブリのため宇宙に行くことができないなどということがないように，十分注意する必要がある．

第11章

11.1 減圧弁のみ並列であるから，この並列部の信頼度 R_2 を求めると，

$$R_2 = 1 - (1 - 0.95)^2$$

他は直列にならんでいるので，全体の信頼度 R は，

$$R = 0.99 \times [1 - (1 - 0.95)^2] \times 0.98 \times 0.99 \times 0.96 \times 0.98 = 0.901377$$

このように信頼度の低い部品を並列にすることにより，全体の信頼度は大幅に改善される．

11.2 演習問題 11.1 のシステムでさらに推薬弁を並列としている．この推薬弁の並列部の信頼度 R_5 を求めると，

$$R_5 = 1 - (1 - 0.96)^2$$

他は，減圧弁の並列部を含めて直列にならんでいるので，全体の信頼度 R は，

$$R = 0.99 \times [1 - (1 - 0.95)^2] \times 0.98 \times 0.99 \times [1 - (1 - 0.96)^2] \times 0.98 = 0.937432$$

このように，全体の信頼度はさらに改善されている．

参考文献

第 1 章
[1] 佐貫亦男，ロケット工学，p.248，付録 II，コロナ社，1970．

第 2 章
[2] 航空宇宙学会編，航空宇宙工学便覧 第 2 版，p.8 表 A1.22，p.13 表 A1.23，丸善，1992．より作成
[3] 航空宇宙学会編，航空宇宙工学便覧 第 2 版，p.30 図 A2.1，p.31 図 A2.2，丸善，1992．
[4] 木村逸郎，ロケット工学，p.15 図 1.12，養賢堂，1993．
[5] J.Loftus Jr，A.E.Potter，"United States Studies in Orbital Debris Prevention and Mitigation"，IAF-90-646，41st，Cong.IAF，Dresden，1990．
[6] 橘藤雄，秋山守，岡本芳三，森下輝夫，伝熱論，p.248 図 10.15，コロナ社，1965．

第 3 章
[7] 新田慶治，木部勢至郎，宇宙で生きる，p.29 図 3，オーム社，1994．
[8] E.Gustan，T.Vinopal，"Controlled Ecological Life-Support System: Transportation Analysis"，NASA Contract Report 166420，Boeing Aerospace Company，1981．
[9] 宮嶋宏行，大谷雅春，石川芳雄，石川洋二，"宇宙人工閉鎖系のシミュレーション"，CELSS 学会誌，Vol.6，No.1，1993．
[10] 新田慶治，"地球環境を変動させるもの"，CELSS シンポジウム「地球環境の未来は予測できるか」，1996 年 11 月 29 日．
[11] 板垣春昭，金子豊，横山隆明，中村陽一郎，岡利春，濱田行貴，山口方士，"再生型燃料電池を用いた月面探査機エネルギシステム"，次期月探査シンポジウム講演集，NASDA，1999．

第 4 章
[12] W.A.Gaubatz，P.L.Klevatt，J.A.Copper，"Single Stage Rocket Technology"，IAF-92-0854，43rd，Cong.IAF，Washington,D.C.，1992．
[13] 野村茂昭，航空宇宙技術研究所報告，TR-779，1983．
[14] J.Hale Francis，Introduction to Space Flight，p.236 Figure 7-5-1，Prentice-Hall，1994．
[15] 日本航空宇宙学会編，航空宇宙工学便覧増補版，p.463 図 7.175，丸善，1974．
[16] 井川日出男，"スペースシャトルの熱環境と防熱材料"，日本複合材料学会誌，第 6 巻，第 3 号，p.86 図 7，1980．
[17] 鈴木弘一，ジェットエンジン，p.152 図 8.1，森北出版，2004．

第 5 章

[18] 桝谷利男，"わが国宇宙開発の現状および将来展望－ロケットの開発について－"，日本機械学会誌，第 87 巻，第 788 号，p.671 図 6

[19] 日本航空宇宙学会編，航空宇宙工学便覧 第 2 版，p.933 図 C3.21，丸善，1992.

[20] K.Kamijo, E.Sogame, A.Okayasu, "Development of Liquid Oxygen and Hydrogen Turbopumps for the LE-5 Rocket Engine", AIAA-81-1375R, 1981.

[21] H.Nakanishi, E.Sogame, A.Suzuki, K.Kamijo, K.Kuratani, N. Tanatsugu, "LE-5 Oxygen-Hydrogen Rocket Engine for H-1 Launch Vehicle", IAF-81-355, 32nd Cong.IAF, Rome, 1981.

[22] Kenjiro Kamijo, Takahiro Ito, Koichi Suzuki, "Development Status of LE-7, Acta Astronautica ", Vol.17, No.3, pp.331-340, 1988.

[23] T.Mori, K.Higashino, K.Miyoshi, K.Suzuki, "Development of Small Lox/LH_2 Rocket Engine", IAF-87-284, 38th, Cong.IAF, Brighton, UK, 1987.

[24] 宇宙開発事業団，H-Ⅱロケット 4 号機の打ち上げ，プレスキットより作成

第 6 章

[25] 宇宙開発事業団，NASDA NOTE 1999，p.83,p.85，日本宇宙フォーラム，1999.

[26] 高橋浩一郎，山下洋，土屋清，中村和郎，衛星でみる日本の気象，p.138，図 5，p140，図 6，岩波書店，1982.

[27] 宇宙開発事業団，NASDA NOTE 1999，p.73，日本宇宙フォーラム，1999.

[28] K.Tsutumi, T.Masumizu, K.Kinosita, E.Ishiguro, T.Tanaka, T.Sugimura, "Investigation of the Dispersion of Volcanic Ash from Mt.Sakurajima and the Detection of Ash Deposit Area", Final Rep.JERS-1/ERS-1 System Verification Program, Vol.2, p.385, 1995. なお，JERS データは経済産業省および宇宙航空研究開発機構が所有している．

第 8 章

[29] 小山勝二，X 線で探る宇宙，p.3 図 1，p.159 図 4，培風館，1992.

[30] A Milky Way Band, Astonomy Picture of the Day, 2005 June 5, APOD, NASA.

[31] ROSAT Mission, Max-Planck-Institut für extraterrestriche Physik, 1999.

[32] JAXA，http://www.jaxa.jp/index_j.html より作成

第 10 章

[33] NASA，http://www.nasa.gov/home/index.html

[34] 白木邦明，"国際宇宙ステーション「ISS」と日本の実験モジュール「きぼう」の建設について"，日本機械学会誌，第 107 巻，1025 号，2004 年 4 月号，p.225 図 2，p.226 図 3，2004.

[35] 小松正明，"系統概要 (2) 電力系"，日本航空宇宙学会誌，第 50 巻，第 579 号，2002 年 4 月号，p.59 第 1 図，第 2 図，2002.

[36] 戸田勧，八坂哲雄，小野田淳次郎，鈴木良昭，"スペースデブリ問題の現状と課題"，日本航空宇宙学会誌，第 41 巻，第 478 号，1993 年 11 月号，p.603 第 9 図，1993.

[37] 坂下徹也，"船内実験室と船内保管庫"，日本航空宇宙学会誌，第 49 巻，第 573 号，2001 年 10 月号，p.248 第 15 図，2001.

索　引

英　数

2段式 (TSTO：two stage to orbit)　38
2段燃焼サイクル (staged combustion cycle)　63
A-2ロケット　3
ASTRO-D　115
ASTRO-E　115
ASTRO-E-II　115
CUS (cryogenic upper stage)　65
ERS-1　86
FGB: functional cargo block　124
FRP (fiber reinforced plastics)　60
GOES　82
H-Iロケット　57
H-IIロケット　68
HgCdTeセンサ　84
INSAT　82
JERS-1　86
LDEF (長時間曝露装置)　19
LE-5Aエンジン　68
LE-7エンジン　68
METEOSAT　82
NASDA-STD-17信頼性プログラム標準　141
reliability　134
TT&C (tracking, telemetry and command)　76
X線CCDカメラ　115
X線強度　110
X線反射望遠鏡　113
X線放射　108
X線マイクロカロリーメータ　114

あ　行

アブレーション　46
アポジエンジン　71
アポジモータ　71
アポロ11号　5
アポロカプセル　4
アームストロング (Armstrong, N.A)　5
アルミニウム合金　60
アルミニウム粉末　60
位置ベクトル　106
インジェクタ (噴射器)　61
インテグラル・タンク　59
ヴァン・アレン (Van Allen) 帯　17
ヴェネラ4号　7
ヴェネラ7号　7
ヴェネラ9号　7
ヴェネラ10号　7
宇宙人へのメッセージ　8
宇宙線　16
宇宙バイオテクノロジー　120
宇宙遊泳　2
宇宙酔い (space motion sickness)　26
運動エネルギー　92
エアターボラムジェット　50
エアロスペースプレーン (aerospaceplane)　38
衛星系　75
衛星フェアリング　60
液位計　70
エキスパンダーサイクル (expander cycle)　63
液体酸素ターボポンプ　61
液体衝撃領域　131
液体水素ターボポンプ　61

索引　153

液体ロケット　61
エネルギー供給　34
エネルギー制御コンピュータ (TAEM：terminal area energy management)　42
遠隔マニピュレータ・システム　125
円軌道　94
欧州宇宙機関 (ESA)　82
大型固体補助ロケット (SRB: solid rocket booster)　68
オゾン層　16
オービタ (軌道船)　39
オルドリン (Aldrin Jr., E.W)　5

か　行

ガイア　11
回帰軌道 (recurrent orbit)　100
回折像　112
過塩素酸アンモニウム　60
ガガーリン (Gagarin, Yurii Alekseevich)　2
可視・赤外回転走査放射計 (VISSR：visible and infrared spin scan radiometer)　82
可食部　31
ガスジェット　79
ガスジェット装置 (RCS：reaction control system)　42
ガス発生器　61
ガス発生器サイクル (gas generator cycle)　63
慣性航法装置 (INS：inetial navigation system)　42
慣性センサ　67
慣性飛行　70
慣性誘導　67
完全密閉型環境制御技術 (CELSS:controlled ecological life support systems)　29
機械船 (SM)　5
気象観測衛星　82
軌道傾斜角　96
軌道速度　70

軌道の6要素　97
軌道の転移　103
軌道面の転移　105
逆浸透膜　28
吸収比　45
吸収法　46
共軸楕円軌道　104
強制冷却　46
共通隔壁 (common bulkhead)　59
近地点通過時刻　96
近地点引数　96
空気吸込み式エンジン (air breathing engine)　50
偶発故障期　137
空力加熱　43
空力舵面操作　42
グレン (Glenn Jr., J.H)　2
クロスレンジ　41
迎角　42
激動する宇宙　111
ケネディ大統領　3
ケプラー　90
ケプラーの第1法則　90
ケプラーの第2法則　90
ケプラーの第3法則　90
原子状酸素　23
硬X線検出器　116
航空宇宙局 (NASA)　1
高空燃焼試験設備　65
光合成　31
降交点　96
合成開口レーダー (SAR: synthetic aperture radar)　87
恒星センサ　78
国際宇宙航行連盟 (IAF)　1
国際宇宙ステーション (ISS:international space station)　123
極超音速輸送機 (hyper sonic transport)　38
故障密度関数　135
固体潤滑材　23

固体ロケット　60

さ　行

最弱リングモデル　139
再使用型の宇宙往還機　38
最小寿命系　139
再生型水素/酸素燃料電池　34
最大寿命系　140
サステーナ　3
サターンVロケット　5
サリュート　6
三角形の格子状 (アイソグリッド)　59
酸素中毒　27
ジェミニ計画　2
シーケンシャル・シャント装置 (SSU: sequential shunt unit)　129
湿式酸化法　32
質量比 (MR: mass ratio)　57
自転の影響　99
ジャイロ　78
収穫指標　31
自由分子流　44
受動式センサ (passive sensor)　80
準回帰軌道　101
春分点　96
衝撃波　44
昇交点　96
初期故障期　137
植物栽培区　32
指令船 (CM)　5
人工衛星の周期性　99
人口問題　11
シンチレータ　116
信頼性　134
信頼度　134
信頼度関数　134
水酸化リチウム　28
数千万度の高温ガス　111
スクラムジェット　50
スタッフィング (stuffing)　132
ステーション・キーピング　78
ステファン–ボルツマン定数　45
ストラップダウン　67
スプートニク1号　1
スペースシャトルメインエンジン (SSME)　64
スペースプレーン (spaceplane)　38
静止衛星 (geostationary satellite)　101
赤外線センサ　80
遷移領域　131
全エネルギー　92
前置燃焼器 (プリバーナ)　63
全反射　113
双曲線軌道　95
層流熱伝達　44
疎水性浸透膜　28
ソユーズ宇宙船　4
ソーラパワーモジュール (SPM: solar power module)　130
ソーラーマックス　19

た　行

第一次材料実験 (FMPT)　121
対恒星自転周期　100
代謝量　29
タイタンIIロケット　2
耐熱タイル　47
太陽黒点活動　15
太陽センサ　77
太陽電池 (PV module)　129
太陽同期軌道　101
太陽のフレア　16
太陽風　17
対流圏 (troposphere)　15
ダウンレンジ　41
楕円軌道　90
楕円軌道の周期　93
楕円の短径　90
楕円の長径　90
ターゲット　131
多段ロケット　58
脱出速度 (escape velocity)　96

ターボジェット　50
単位ベクトル　106
炭化層　47
単段式 (SSTO：single stage to orbit)　38
弾道係数　49
断熱材 (ライナー)　60
地球アルベド　20
地球環境問題　11
地球観測衛星　85
地球資源衛星　86
地球重力定数　107
地球センサ　78
地球同期軌道 (geosynchronous orbit)　101
地上支援系　75
中央演算処理装置 (JCP: JEM control processor)　127
超純水　28
直流切替装置 (DCSU: direct current switching unit)　129, 130
直流変換装置 (DDCU: dc to dc converter unit)　129
直列モデル　138
ツオルコフスキー (Tsiolkovsky)　57
月着陸船 (LM)　6
低圧症　27
定在波　119
低速領域　131
低地球軌道 (LEO：low earth orbit)　38
データ中継衛星 (DRTS: data relay test satellite)　127
デブリ (人工破砕物)　18
デブリ雲　132
デブリダンパ　132
テラフォーミング　11
デルタ・クリッパー　40
テレシコワ (Tereshkova, V.V)　2
電気推進スラスタ　79
電波誘導　67
電力分配装置 (MBSU: main bus switching unit)　129

動安定性　41
透過率　81
東西方向制御　78
突入回廊 (entry corridor)　49
トランスファ軌道　71
ドリフト　78

な　行

軟X線検出器　115
南北方向制御　79
にじみださせる冷却法 (transpiration cooling)　48
ニッケル–水素バッテリー　34
日本実験モジュール (JEM: Japan experiment module)　124
人間の居住区　32
熱圏 (thermosphere)　15
熱真空環境試験　77
熱防御システム (TPS：thermal protection system)　43
燃焼室 (モータケース)　60, 61
能動式センサ (active sensor)　80
ノズル　61
ノーベル物理学賞　108

は　行

バイオスフェアⅡ　33
パイオニア10号　7
パイオニア11号　7
バイキング1号　7
バイキング2号　7
パーキング軌道　71
薄膜冷却法 (film cooling)　48
曝露部　126
バッテリ充放電装置 (BCDU: battery charge/discharge unit)　129
ハニカム・コア　60
バンガード・ロケット　1
バンク角　42
万有引力定数　107
非可食部　31

飛行特性　41
微小重力(microgravity)　118
微小天体(メテオロイド)　18
比推力　55
フィルター　28
不信頼度　135
ブースター　3
浮遊溶融技術　119
プラットフォーム　67
プロジェクタイル(飛翔体)　131
プロトンロケット　125
分子設計(ドラッグデザイン)　120
平均自由行程　13
平均無故障時間(MTTF: mean time to failure)　136
並列モデル　140
ベンズ領域　27
ホイップル(Whipple)　132
放射線被曝　26
放射(輻射)平衡温度(radiation equilibrium temperature)　43, 45
放射冷却　46
放物線軌道　95
ボストーク宇宙船　2
ボスホート宇宙船　2
ポテンシャルエネルギー　92
ホーマン(Hohmann)軌道　103

ま 行

マイクロ波着陸システム(MLS：microwave landing system)　42
マーキュリーカプセル　2
マーキュリー計画　2
マニピュレータ　126
摩耗故障期　137
マランゴニ(Marangoni)対流　119
マリナ2号　7
マリナ4号　7
マリナ9号　7

マルチスペクトラルスキャナ M^2S　87
マルチスペクトル高分解能光学センサ(OPS: optical sensor)　86
ミサイルギャップ論争　1
ミール　6
無次元速度　131
虫だし(debugging)　137
無重力順応　25
無重力状態　25
無人貨物輸送機(HTV: H-Ⅱ transfer vehicle)　127
メディアン(中央値)　136
メルカトール投影図　98

や 行

誘導計算機　67
有翼型宇宙往還機　38
与圧部　126
揚抗比　49
浴槽曲線(bath-tub-curve)　137

ら 行

ラムジェット　50
乱流熱伝達　44
離心率　91
リフトオフ　69
リモートセンシング　80
リング・レーザージャイロ　68
冷間溶着　23
レントゲン　108
ロケット型宇宙往還機　40
ロケットの推力　54
ロケットモータ　60
ロッシ(B.Rossi)　108
ロボット・アーム　125

わ 行

惑星間飛行　103

著者略歴

鈴木　弘一（すずき・こういち）
- 1968 年　名古屋大学大学院工学研究科修士課程修了
- 1968 年　石川島播磨重工業株式会社　入社
- 1999 年　第一工業大学工学部航空工学科教授
- 2007 年　第一工業大学工学部航空宇宙工学科教授
- 2014 年　第一工業大学　退職
　　　　　現在に至る

はじめての宇宙工学　　　　　　　　　　　　　© 鈴木弘一　2007
2007 年 4 月 25 日　第 1 版第 1 刷発行　　【本書の無断転載を禁ず】
2025 年 5 月 9 日　第 1 版第 6 刷発行

著　者　鈴木弘一
発行者　森北博巳
発行所　森北出版株式会社
　　　　東京都千代田区富士見 1-4-11（〒102-0071）
　　　　電話 03-3265-8341 ／ FAX 03-3264-8709
　　　　https://www.morikita.co.jp/
　　　　日本書籍出版協会・自然科学書協会　会員
　　　　JCOPY ＜（一社）出版者著作権管理機構 委託出版物＞

落丁・乱丁本はお取替えいたします　　印刷／モリモト印刷・製本／協栄製本

Printed in Japan ／ ISBN978-4-627-69071-4

MEMO

MEMO